Impressum

Saage Media GmbH
c/o SpinLab – The HHL Accelerator
Spinnereistraße 7
04179 Leipzig, Germany
E-Mail: contact@SaageMedia.com
Web: www.SaageMedia.com
Commercial Register: Local Court Leipzig, HRB 42755 (Handelsregister: Amtsgericht Leipzig, HRB 42755)
Managing Director: Rico Saage (Geschäftsführer)
VAT ID Number: DE369527893 (USt-IdNr.)

Publisher: Saage Media GmbH
Veröffentlichung: 02.2025
Umschlagsgestaltung: Saage Media GmbH
ISBN-Softcover (de): 978-3-384-51824-8
ISBN-Ebook (de): 978-3-384-51825-5

Rechtliches / Hinweise

Die in diesem Buch aufgeführten externen Links und Quellenverweise wurden zum Zeitpunkt der Buchveröffentlichung geprüft. Auf die aktuellen und zukünftigen Gestaltungen und Inhalte der verlinkten Seiten hat der Autor keinen Einfluss. Für illegale, fehlerhafte oder unvollständige Inhalte sowie für Schäden, die durch die Nutzung oder Nichtnutzung der Informationen entstehen, haftet allein der Anbieter der verlinkten Website, nicht derjenige, der über Links auf die jeweilige Veröffentlichung verweist. Alle verwendeten externen Quellen sind im Literaturverzeichnis aufgeführt. Trotz sorgfältiger inhaltlicher Kontrolle übernehmen wir keine Haftung für die Inhalte externer Quellen. Für den Inhalt der zitierten Quellen sind ausschließlich deren Betreiber verantwortlich. Bilder und Quellen Dritter sind als solche gekennzeichnet. Die Vervielfältigung, Bearbeitung, Verbreitung und jede Art der Verwertung außerhalb der Grenzen des Urheberrechtes bedürfen der schriftlichen Zustimmung des jeweiligen Autors bzw. Erstellers.
Die Daten in den Diagrammen, die nicht explizit mit einer Quelle gekennzeichnet sind, basieren nicht auf Studien, sondern sind unverbindliche Annahmen zur besseren Visualisierung.
Dieses Buch wurde unter Verwendung von Künstlicher Intelligenz (KI) und anderen Tools erstellt. Unter anderem wurden Tools für die Recherche, das Schreiben/Lektorieren und die Generierung der dekorativen Illustrationen eingesetzt. Trotz Kontrolle können Fehler nicht vollständig ausgeschlossen werden. Wir möchten betonen, dass der Einsatz von KI als unterstützendes Werkzeug dient, um unseren Lesern ein qualitativ hochwertiges und inspirierendes Leseerlebnis zu bieten.

Die in diesem Buch enthaltenen Quellenverweise und Zitate wurden sorgfältig recherchiert und sinngemäß wiedergegeben. Die Interpretation und Darstellung der zitierten Inhalte spiegelt die Auffassung des Autors wider und muss nicht zwangsläufig mit der Intention oder Meinung der ursprünglichen Autoren übereinstimmen. Bei sinngemäßen Zitaten wurden die Kernaussagen der Originalquellen nach bestem Wissen und Gewissen in den Kontext dieses Werkes eingebettet, können jedoch durch die Übertragung und Vereinfachung von den ursprünglichen Formulierungen und Bedeutungsnuancen abweichen. Alle verwendeten Quellen sind im Literaturverzeichnis vollständig aufgeführt und können dort im Original nachgelesen werden. Die Verantwortung für die Interpretation und kontextuelle Einbettung der zitierten Inhalte liegt beim Autor dieses Buches. Bei wissenschaftlichen Fragestellungen und Detailinformationen wird empfohlen, die Originalquellen zu konsultieren. Der Autor hat sich bemüht, komplexe wissenschaftliche Sachverhalte allgemeinverständlich darzustellen. Dabei können Vereinfachungen und Verallgemeinerungen nicht ausgeschlossen werden. Für die fachliche Richtigkeit und Vollständigkeit der vereinfachten Darstellungen kann keine Gewähr übernommen werden. Die sinngemäße Wiedergabe von Zitaten und wissenschaftlichen Erkenntnissen erfolgt gewissenhaft unter Beachtung des Zitatrechts gemäß § 51 UrhG sowie aller relevanten urheberrechtlichen Bestimmungen anderer Länder. Bei der Vereinfachung, Übertragung und gegebenenfalls Übersetzung wissenschaftlicher Inhalte in eine allgemeinverständliche Sprache können Bedeutungsnuancen und fachliche Details verloren gehen. Der Autor erhebt keinen Anspruch auf die Rechte der zitierten Werke und respektiert sämtliche Urheberrechte der Originalautoren. Sollte eine unerlaubte Nutzung festgestellt werden, bittet der Autor um Mitteilung, um entsprechende Maßnahmen zu ergreifen. Für akademische Zwecke und bei der Verwendung als wissenschaftliche Referenz wird ausdrücklich empfohlen, auf die Originalquellen zurückzugreifen. Die vereinfachte Darstellung dient ausschließlich der populärwissenschaftlichen Information.

Die in diesem Buch enthaltenen Informationen über die Gehirn-Darm-Verbindung, Mikrobiom, Darmsanierung und entzündungshemmende Ernährung wurden sorgfältig recherchiert, erheben jedoch keinen Anspruch auf Vollständigkeit und Richtigkeit. Die vorgestellten Ernährungsempfehlungen, Probiotika und Darmsanierungsmaßnahmen können individuell unterschiedliche Wirkungen zeigen. Die Informationen in diesem Buch ersetzen keine medizinische Diagnose oder Behandlung. Bei gesundheitlichen Beschwerden, Erkrankungen des Verdauungssystems oder neurologischen Symptomen sollten Sie unbedingt einen Arzt oder qualifizierten Therapeuten aufsuchen. Vor Beginn einer Darmsanierung oder Umstellung der Ernährung, insbesondere bei bestehenden Vorerkrankungen oder Medikamenteneinnahme, ist eine ärztliche Rücksprache erforderlich. Die Umsetzung der beschriebenen Maßnahmen erfolgt auf eigene Verantwortung. Eine Haftung für gesundheitliche Schäden oder Folgeschäden, die aus der Anwendung der vorgestellten Informationen entstehen, ist ausgeschlossen. Die medizinische Forschung zum Mikrobiom und zur Gehirn-Darm-Achse entwickelt sich ständig weiter. Neue wissenschaftliche Erkenntnisse seit Drucklegung sind möglich. Alle erwähnten Markennamen von Probiotika, Nahrungsergänzungsmitteln oder anderen Produkten sind Eigentum ihrer jeweiligen Inhaber. Quellenangaben zu wissenschaftlichen Studien und Forschungsergebnissen finden Sie im Literaturverzeichnis.

Bendis Saage

Gehirn-Darm-Verbindung: Mikrobiom und Darmflora im Einklang

Wie entzündungshemmende Ernährung, Darmsanierung und Probiotika das Zusammenspiel von Gehirn und Körper optimieren

101 Quellen
42 Diagramme
47 Bilder
7 Illustrationen

Liebe Leserinnen, liebe Leser,

von Herzen danken wir Ihnen, dass Sie sich für dieses Buch entschieden haben. Mit Ihrer Wahl haben Sie uns nicht nur Ihr Vertrauen geschenkt, sondern auch einen Teil Ihrer wertvollen Zeit. Das wissen wir sehr zu schätzen.

Die Verbindung zwischen Gehirn und Darm beeinflusst maßgeblich unsere körperliche und mentale Gesundheit - doch wie funktioniert dieses komplexe Zusammenspiel? Dieses Fachbuch beleuchtet die faszinierende Kommunikation zwischen Nervensystem und Verdauungstrakt. Es zeigt auf, wie Darmbakterien, Ernährung und Entzündungsprozesse unser Wohlbefinden, unsere Stimmung und sogar unsere Entscheidungsfähigkeit beeinflussen. Anhand aktueller wissenschaftlicher Erkenntnisse und praxisnaher Anleitungen lernen Sie, wie Sie durch gezielte Ernährungsstrategien, probiotische Unterstützung und Darmsanierung die Gehirn-Darm-Achse positiv beeinflussen können. Das Buch verbindet fundiertes Wissen über das Mikrobiom mit konkreten Handlungsempfehlungen für den Alltag. Ein wegweisender Ratgeber für alle, die verstehen möchten, wie sie durch die Optimierung ihrer Darmgesundheit auch ihre mentale Leistungsfähigkeit verbessern können. Entdecken Sie die wissenschaftlich fundierten Zusammenhänge zwischen Darmgesundheit und mentalem Wohlbefinden - für ein ausgewogenes Zusammenspiel von Körper und Geist.

Dieser Ratgeber bietet Ihnen verständlich aufbereitete und praxisnahe Informationen zu einem komplexen Thema. Dank selbst entwickelter digitaler Tools, die auch neuronale Netze nutzen, konnten wir umfangreiche Recherchen durchführen. Die Inhalte wurden optimal strukturiert und bis zur finalen Fassung ausgestaltet, um Ihnen einen fundierten und leicht zugänglichen Überblick zu ermöglichen. Das Ergebnis: Sie erhalten einen umfassenden Einblick und profitieren von klaren Erklärungen und anschaulichen Beispielen. Auch die visuelle Gestaltung wurde durch diese fortschrittliche Methode optimiert, damit Sie die Informationen schnell erfassen und nutzen können.

Wir bemühen uns um höchste Genauigkeit, sind aber für jeden Hinweis auf mögliche Fehler dankbar. Besuchen Sie unsere Website, um die aktuellsten Korrekturen und Ergänzungen zu diesem Buch zu finden. Diese werden auch in zukünftigen Auflagen berücksichtigt.

Wir hoffen, Sie haben viel Freude beim Lesen und entdecken Neues! Sollten Sie Anregungen, Kritik oder Fragen haben, freuen wir uns über Ihre Rückmeldung. Nur durch den aktiven Austausch mit Ihnen, den Lesern, können zukünftige Auflagen und Werke noch besser werden. Bleiben Sie neugierig!

Bendis Saage

Saage Media GmbH - Team

- www.SaageBooks.com/de
- support@saagemedia.com
- Spinnereistraße 7 - c/o SpinLab – The HHL Accelerator, 04179 Leipzig, Germany

Schnell zum Wissen

Für ein optimales Leseerlebnis möchten wir Sie mit den wichtigsten Merkmalen dieses Buches vertraut machen:

- **Modularer Aufbau:** Jedes Kapitel ist in sich abgeschlossen und kann unabhängig von den anderen gelesen werden.
- **Fundierte Recherche:** Alle Kapitel basieren auf gründlicher Recherche und sind mit wissenschaftlichen Quellenangaben belegt. Die in den Diagrammen dargestellten Daten dienen der besseren Visualisierung und beruhen auf Annahmen, nicht auf den in den Quellen angegebenen Daten. Eine umfassende Liste der Quellen und Bildnachweise befindet sich im Anhang.
- **Verständliche Terminologie:** Unterstrichene Fachbegriffe werden im Glossar erläutert.
- **Kapitelzusammenfassungen:** Am Ende jedes Kapitels finden Sie prägnante Zusammenfassungen, die Ihnen einen Überblick über die wichtigsten Punkte geben.
- **Konkrete Handlungsempfehlungen:** Jedes Subkapitel schließt mit einer Liste konkreter Ratschläge ab, die Ihnen helfen sollen, das Gelernte in die Praxis umzusetzen.

Zusätzliche Bonus-Materialien auf unserer Website

Auf unserer Website planen wir Ihnen folgende exklusive Materialien zur Verfügung zu stellen:

- Bonusinhalte und zusätzliche Kapitel
- Eine kompakte Gesamtzusammenfassung
- Eine Hörspiel Version. (In Planung)

Die Website befindet sich derzeit noch im Aufbau.

www.SaageBooks.com/de/
gehirn_darm_verbindung-bonus-HE3EGS

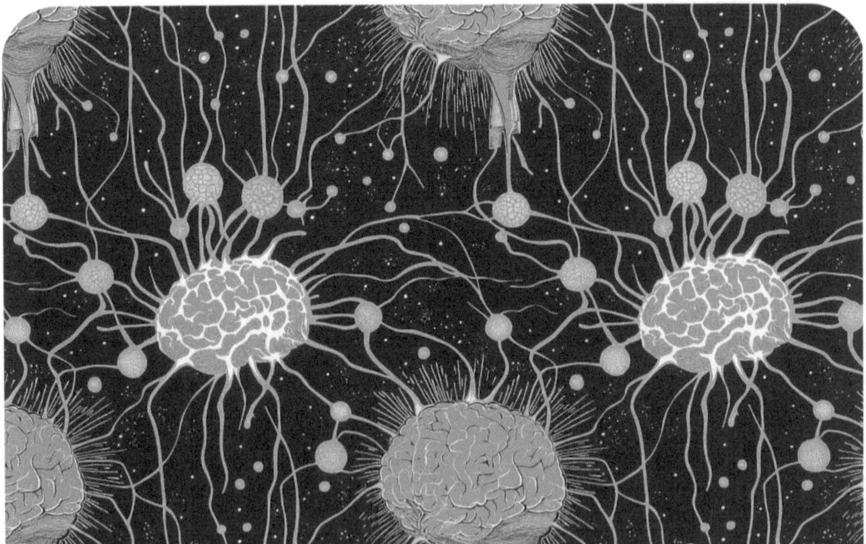

Inhaltsverzeichnis

- 3. Darmsanierung und Mikrobiompflege
  - 3. 1 Aufbau der Darmgesundheit
    - Nährstoffversorgung der Darmzellen
    - Schleimhautregeneration
    - Bakterienbalance
  - 3. 2 Probiotische Unterstützung
    - Einnahmeempfehlungen
    - Wirkungsweise im Verdauungstrakt
  - 3. 3 Störfaktoren vermeiden
    - Stressreduktion
    - Umweltbelastungen minimieren
    - Medikamenteneinflüsse beachten

1. Grundlagen der Gehirn-Darm-Verbindung

Haben Sie sich je gefragt, warum ein "Bauchgefühl" oft verlässlicher ist als rationale Überlegungen? Zwischen Kopf und Verdauungstrakt verläuft ein komplexes Kommunikationsnetzwerk, das unser Wohlbefinden und Verhalten maßgeblich steuert. Billionen mikroskopisch kleiner Lebewesen in unserem Darm senden dabei permanent Signale an das Gehirn - und umgekehrt. Diese biochemische Zweiwegkommunikation beeinflusst nicht nur unsere Verdauung, sondern auch Emotionen, Immunsystem und sogar unsere Entscheidungsfindung. Die faszinierenden Mechanismen dieser körpereigenen Datenautobahn werfen ein völlig neues Licht auf die Frage, wer oder was eigentlich unsere Handlungen und Gefühle bestimmt.

1. 1 Aufbau und Funktion

Das enterische Nervensystem (ENS) im Darm kommuniziert ständig mit dem zentralen Nervensystem (ZNS) im Gehirn. Diese Darm-Hirn-Achse beeinflusst über Nervenbahnen wie den Vagusnerv und Neurotransmitter sowohl die Verdauung als auch Stimmung, Schlaf und Appetit. Eine gestörte Kommunikation durch z.B. eine unausgewogene Darmflora kann zu diversen Problemen, von Verdauungsbeschwerden bis hin zu neurologischen Symptomen, führen. Verstehen Sie die komplexen Zusammenhänge von Aufbau und Funktion der Darm-Hirn-Achse und entdecken Sie das Potenzial für Ihr Wohlbefinden.

Die Darm-Hirn-Achse ist ein komplexes, bidirektionales Kommunikationssystem, das sowohl die Darmgesundheit als auch die Gehirnfunktion und das gesamte Wohlbefinden beeinflusst.

Nervenbahnen zwischen Gehirn und Darm

Das enterische Nervensystem (ENS) im Darm, ein komplexes Netzwerk aus über 100 Millionen Neuronen, kommuniziert ständig mit dem zentralen Nervensystem (ZNS) im Gehirn. [s1] Diese bidirektionale Kommunikation, die Darm-Hirn-Achse, erfolgt über verschiedene Nervenbahnen, darunter den Vagusnerv und sympathische Nerven. [s1] Der Vagusnerv, der größte Nerv des parasympathischen Systems, leitet Signale vom Darm zum Gehirn und umgekehrt. [s2] Er übermittelt Informationen über den Zustand der inneren Organe, reguliert die Darmbewegung und beeinflusst Immunreaktionen. [s2] So können beispielsweise Entzündungen im Darm über den Vagusnerv Signale an das Gehirn senden, die das Verhalten und die Stimmung beeinflussen. Sympathische Nervenbahnen leiten vorwiegend Signale vom Gehirn zum Darm und beeinflussen unter anderem die Darmmotilität und die Sekretion von Verdauungssäften. [s3]

Die Kommunikation innerhalb der Darm-Hirn-Achse wird durch Neurotransmitter vermittelt, chemische Botenstoffe, die Signale zwischen Nervenzellen übertragen. Serotonin, ein wichtiger Neurotransmitter, wird sowohl im ENS als auch im ZNS produziert und beeinflusst die Darmfunktion sowie Stimmung, Schlaf und Appetit. [s1] [s4] Die Darmflora, die Gesamtheit der Mikroorganismen im Darm, beeinflusst die Produktion und Freisetzung von Serotonin und anderen Neurotransmittern. [s5] [s6] Eine unausgewogene Darmflora (Dysbiose) kann die Kommunikation zwischen Darm und Gehirn stören und zu Erkrankungen wie dem Reizdarmsyndrom beitragen. [s5] Wer seine Darmflora positiv beeinflussen möchte, kann auf eine ballaststoffreiche Ernährung mit

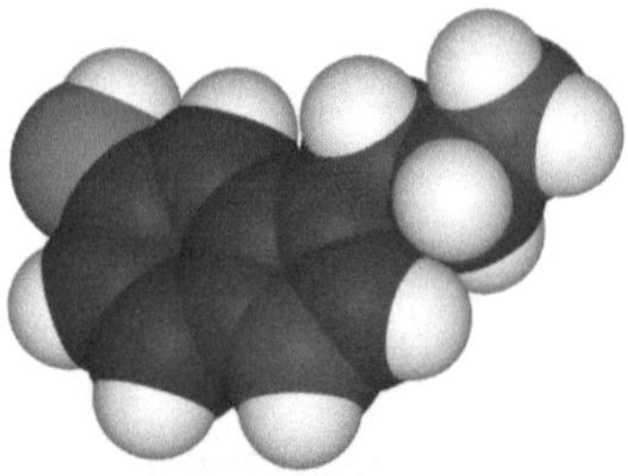

Serotonin [i1]

viel Obst und Gemüse achten, da diese die "guten" Bakterien im Darm fördern. Das ENS kann zwar autonom arbeiten, wird aber dennoch vom ZNS beeinflusst. [s4] Externe Faktoren wie Stress können die Funktion des ENS beeinträchtigen und zu gastrointestinalen Beschwerden führen. [s3] Umgekehrt können Veränderungen im Darm, wie Entzündungen oder Infektionen, die Funktion des ZNS beeinflussen und zu neurologischen Symptomen führen. [s7] Die Darmbarriere, eine Schutzschicht zwischen Darm und Blutkreislauf, spielt dabei eine wichtige Rolle. [s6] Eine intakte Darmbarriere verhindert, dass schädliche Substanzen aus dem Darm in den Blutkreislauf und ins Gehirn gelangen. Bakterielle Metaboliten, wie

kurzkettige Fettsäuren, die von der Darmflora produziert werden, können die Kommunikation zwischen Darm und Gehirn ebenfalls beeinflussen. [s7] [s6] Sie wirken hormonähnlich und können die neuronale Aktivität im Gehirn modulieren. Die Entwicklung des ENS verläuft parallel zur Entwicklung des ZNS und beide Systeme werden von genetischen und Umweltfaktoren beeinflusst. [s1] [s3] Studien an keimfreien Tieren zeigen, dass die bakterielle Besiedlung des Darms für die Entwicklung und Reifung sowohl des ENS als auch des ZNS entscheidend ist. [s8] Die Abwesenheit von Mikroben im Darm führt zu Veränderungen in der Neurotransmitterproduktion und -aktivität in beiden Nervensystemen. [s8] Das verdeutlicht die enge Verknüpfung zwischen Darm und Gehirn und die Bedeutung einer gesunden Darmflora für die gesamte Gesundheit.

Gut zu wissen

Darmbarriere

Die Darmbarriere ist eine Schutzschicht zwischen dem Darminneren und dem Blutkreislauf. Sie verhindert das Eindringen von schädlichen Substanzen und Krankheitserregern in den Körper.

Darm-Hirn-Achse

Die Darm-Hirn-Achse beschreibt die komplexe bidirektionale Kommunikation zwischen Darm und Gehirn, die über Nervenbahnen, Hormone und Immunbotenstoffe vermittelt wird. Sie beeinflusst sowohl die körperliche als auch die psychische Gesundheit.

Metaboliten

Metaboliten sind Stoffwechselprodukte, die von der Darmflora produziert werden. Einige dieser Metaboliten, wie kurzkettige Fettsäuren, können die Darmbarriere stärken und die Kommunikation zwischen Darm und Gehirn beeinflussen.

Neurotransmitter

Neurotransmitter sind chemische Botenstoffe, die Signale zwischen Nervenzellen übertragen. Sie spielen eine wichtige Rolle in der Kommunikation zwischen Darm und Gehirn und beeinflussen verschiedene Körperfunktionen.

Sympathische Nerven

Sympathische Nerven aktivieren den Körper in Stresssituationen und beeinflussen die Darmfunktion, indem sie z.B. die Darmmotilität hemmen.

Signalübertragungsgeschwindigkeit

Vergleich der Signalübertragungsgeschwindigkeiten zwischen verschiedenen Nerventypen in der Darm-Hirn-Achse.

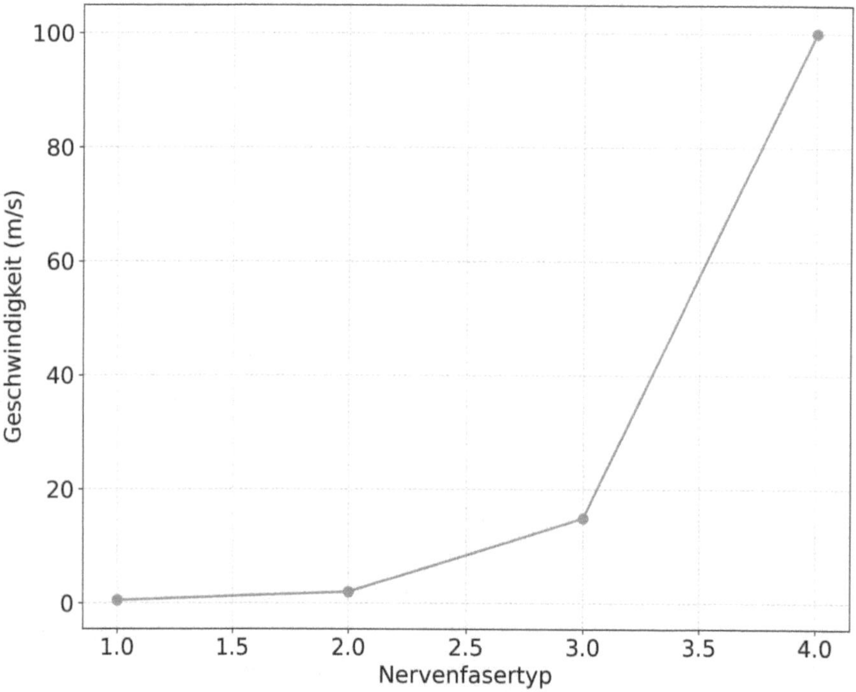

Das Diagramm zeigt unterschiedliche Signalübertragungsgeschwindigkeiten und verdeutlicht den Unterschied zwischen myelinisierten und unmyelinisierten Fasern. Höhere Geschwindigkeiten deuten auf schnellere Kommunikation hin, die für Prozesse mit schnellen Reaktionen wichtig ist, während langsamere Geschwindigkeiten auf eine Beteiligung an länger anhaltenden oder modulierenden Funktionen hinweisen können.

Botenstoffe im Verdauungssystem

Der Informationsaustausch entlang der darmhirnachse basiert auf einer Vielzahl von Botenstoffen, die weit über Serotonin hinausgehen. Neben Neurotransmittern wie Acetylcholin, das die Aktivität postganglionärer Neuronen anregt [s9], spielen auch sogenannte Neuromodulatoren eine Rolle. Diese Substanzen, z.B. Stickstoffmonoxid oder vasoaktive intestinale Polypeptide, ermöglichen eine fein abgestimmte Kontrolle der Magen-Darm-Funktionen über nicht-adrenerge, nicht-cholinerge (NANC) Signalwege [s9]. Auch das sympathische Nervensystem nutzt Botenstoffe wie Katecholamine, die über adrenerge Rezeptoren die Durchblutung und Nährstoffaufnahme im Darm beeinflussen [s10]. Eine Dysbalance dieser Botenstoffe, etwa von Serotonin oder Katecholaminen, kann mit verschiedenen Magen-Darm-Erkrankungen in Verbindung stehen [s10]. Darüber hinaus kommunizieren Immunzellen im Darm, wie Makrophagen, mit dem ENS und beeinflussen so die Darmbewegung [s11]. Sie senden Signale, die die intestinale Motilität regulieren und tragen zur Homöostase bei [s11]. Auch spezielle Rezeptoren, die sogenannten Toll-like Rezeptoren, registrieren mikrobielle Muster und leiten entsprechende Immunantworten ein, die wiederum mit dem ENS interagieren [s11]. Diese komplexen Wechselwirkungen verdeutlichen, dass die Balance der verschiedenen Botenstoffe im Verdauungssystem für das Wohlbefinden von Bedeutung ist. Wer z.B. unter Verdauungsbeschwerden leidet, sollte daher auch die Möglichkeit einer gestörten Botenstoff-Balance in Betracht ziehen.

Botenstoffverteilung im Verdauungssystem

Konzentration und Verteilung von Botenstoffen, die die Darm-Hirn-Achse beeinflussen.

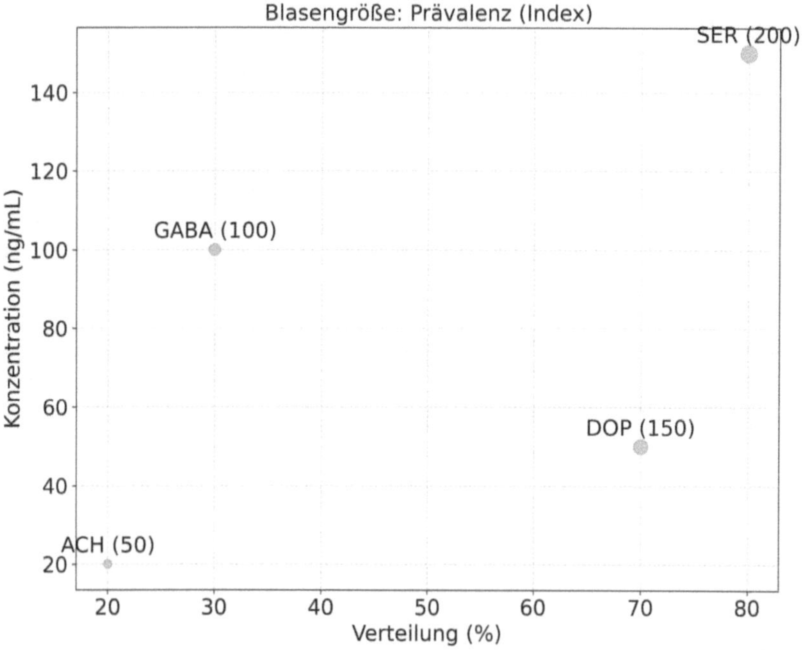

Blasengröße: Prävalenz (Index)

ACH: Acetylcholin

DOP: Dopamin

GABA: GABA

SER: Serotonin

Serotonin zeigt eine hohe Konzentration und weite Verteilung, was auf eine bedeutende Rolle in der Darm-Hirn-Kommunikation hindeutet. Dopamin hat trotz geringerer Konzentration ebenfalls eine breite Verteilung. Die lokalisierte Verteilung von GABA könnte trotz seiner relativ hohen Konzentration auf spezifischere Funktionen hinweisen. Die niedrige Konzentration und Verteilung von Acetylcholin deutet möglicherweise auf eine differenziertere Rolle in diesem komplexen System hin.

Steuerungsmechanismen der Darmaktivität

Die Darmaktivität wird durch ein komplexes Zusammenspiel nervlicher, immunologischer und hormoneller Signale gesteuert. Das enterische Nervensystem (ENS), oft als "zweites Gehirn" bezeichnet, reguliert die Darmfunktionen weitgehend autonom. [s12] Es umfasst ein Netzwerk aus Neuronen und Gliazellen, die in die Darmwand eingebettet sind und die Muskelkontraktionen, Sekretion von Verdauungssäften und Durchblutung des Darms steuern. [s13] Dieses intrinsische System wird durch Signale aus dem zentralen Nervensystem (ZNS) moduliert, die über den Vagusnerv und sympathische Nervenbahnen übertragen werden. [s12] Der Vagusnerv, der größte Nerv des parasympathischen Nervensystems, vermittelt Signale zwischen Darm und Gehirn und beeinflusst so die Darmmotilität, Sekretion und Immunreaktionen. Sympathische Nervenfasern wirken hingegen meist hemmend auf die Darmaktivität. Die Kommunikation zwischen ENS und ZNS erfolgt über neurotransmitter, chemische Botenstoffe, die Signale zwischen Nervenzellen übermitteln. [s12] So beeinflusst beispielsweise eine erhöhte Serotonin-Ausschüttung im Darm die Beweglichkeit und Empfindlichkeit des Verdauungstrakts. Wer unter Verstopfung leidet, könnte so von einer Ernährung mit Tryptophan-reichen Lebensmitteln profitieren, da Tryptophan die Vorstufe von Serotonin ist. Neben der neuronalen Steuerung beeinflussen auch immunologische Prozesse die Darmaktivität. [s12] Immunzellen im Darm, wie Makrophagen und Mastzellen, kommunizieren mit dem ENS und modulieren die Darmmotilität. Bei einer dysbiose, einer Unausgewogenheit der Darmflora, können entzündungsfördernde Zytokine freigesetzt werden, die die Darmpermeabilität erhöhen und die Aktivität des ENS beeinflussen. [s12] Eine erhöhte Darmpermeabilität, auch als "Leaky Gut" bekannt, kann dazu führen, dass Bakterien und deren Stoffwechselprodukte in den Blutkreislauf gelangen und systemische Entzündungen auslösen. [s14] Darüber

hinaus produzieren enteroendokrine Zellen im Darm Hormone, die in den Blutkreislauf gelangen und die Darmaktivität sowie Funktionen des ZNS beeinflussen. [s15] Diese Zellen reagieren auf Nahrungsbestandteile und mikrobielle Metabolite und setzen Hormone wie Ghrelin, Leptin und Peptide YY frei, die Appetit, Sättigung und Energiestoffwechsel regulieren. Die Vielfalt der Steuerungsmechanismen verdeutlicht die komplexe Wechselwirkung zwischen Darm und Gehirn und unterstreicht die Bedeutung einer ausgewogenen Darmflora und einer gesunden Lebensweise für das Wohlbefinden.

Einflussfaktoren auf die Darmaktivität

Stärke des Einflusses verschiedener Faktoren auf die Darmaktivität.

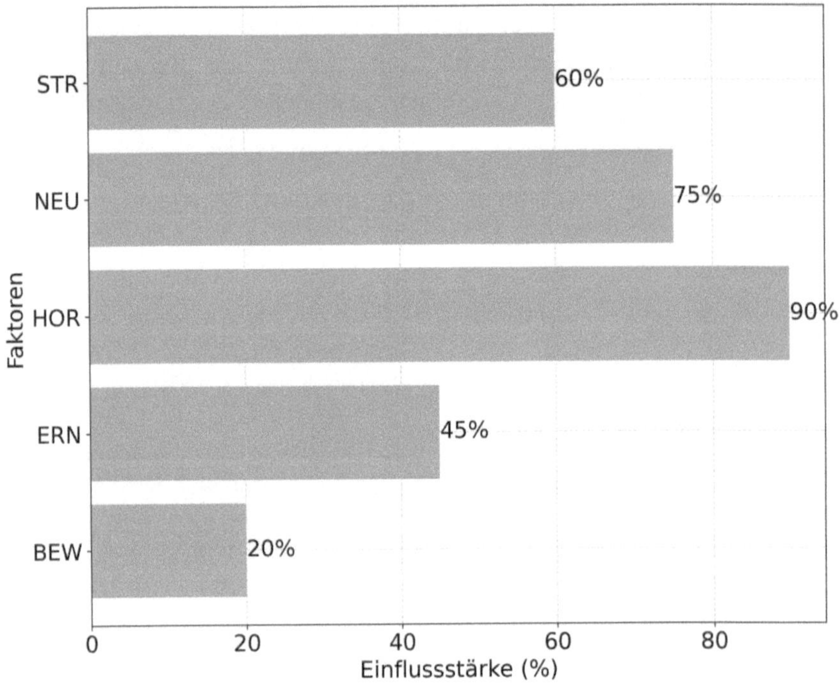

BEW: Bewegung

ERN: Ernährung

HOR: Hormonelle Einflüsse

NEU: Neuronale Signale

STR: Stress

Das horizontale Balkendiagramm visualisiert den Einfluss verschiedener Faktoren auf die Darmaktivität. Hormonelle Einflüsse zeigen den stärksten Effekt, gefolgt von neuronalen Signalen. Stress und Ernährung spielen ebenfalls eine Rolle, jedoch in geringerem Ausmaß. Bewegung hat den geringsten Einfluss im Vergleich zu den anderen dargestellten Faktoren.

Konkrete Ratschläge

- Verfeinern Sie Ihre Wahrnehmung für Darmsignale, indem Sie bewusst auf Hunger- und Sättigungsgefühle achten.
- Integrieren Sie regelmäßige, sanfte Bauchmassagen in Ihren Alltag, um die Darmbewegung anzuregen.
- Experimentieren Sie mit Atemübungen, die den Vagusnerv stimulieren, wie der tiefen Bauchatmung.
- Schaffen Sie sich Ruheoasen im Alltag, um den Einfluss von Stress auf Ihr Verdauungssystem zu minimieren.
- Variieren Sie Ihre Ernährung, um die Vielfalt Ihrer Darmflora zu fördern und die Produktion verschiedener Neurotransmitter zu unterstützen.
- Probieren Sie fermentierte Lebensmittel wie Sauerkraut oder Kimchi, um die Anzahl nützlicher Bakterien in Ihrem Darm zu erhöhen.
- Setzen Sie sich bewusst mit Ihren Emotionen auseinander, da diese die Darmfunktion beeinflussen können.
- Reflektieren Sie regelmäßig über den Zusammenhang zwischen Ihrer Stimmung und Ihrem Verdauungssystem, um Muster zu erkennen.
- Gestalten Sie Ihre Mahlzeiten als bewusstes Ritual und nehmen Sie sich Zeit zum Essen, um die Verdauung zu unterstützen.
- Fördern Sie eine positive Darm-Hirn-Kommunikation durch regelmäßige Bewegung an der frischen Luft.
- Lernen Sie, Ihre Körpersignale zu deuten und passen Sie Ihre Ernährung und Lebensweise entsprechend an.
- Achten Sie auf ausreichend Schlaf, da dieser die Regeneration des Darms und des Gehirns unterstützt.
- Bauen Sie eine Morgenroutine ein, die Ihrem Darm Zeit gibt, sich auf den Tag vorzubereiten.

1. 2 Darmflora und Mikrobiom

Darmflora und Mikrobiom, eine komplexe Gemeinschaft von Mikroorganismen im Darm, spielen eine entscheidende Rolle für unsere Gesundheit. Sie beeinflussen nicht nur die Verdauung und den Stoffwechsel, sondern produzieren auch wichtige Vitamine, kurzkettige Fettsäuren und sogar Neurotransmitter, die mit dem Gehirn kommunizieren. Diese Interaktionen haben weitreichende Auswirkungen – von der Immunabwehr bis zur psychischen Gesundheit. Eine unausgewogene Darmflora hingegen kann zu Problemen wie Entzündungen und einer geschwächten Darmbarriere führen. Entdecken Sie die faszinierende Welt der Darm-Hirn-Achse und erfahren Sie, wie dieses komplexe System unser Wohlbefinden beeinflusst.

> *Die Gesundheit des Darms, insbesondere die Balance und Vielfalt der Darmflora, ist fundamental für die körperliche und geistige Gesundheit, da sie die Kommunikation zwischen Darm und Gehirn sowie die Stressreaktion beeinflusst.*

Bakterienstämme und ihre Aufgaben

Die im menschlichen Darm lebenden Bakterienstämme erfüllen vielfältige Aufgaben, die für unsere Gesundheit relevant sind. Sie sind an der Verdauung beteiligt und helfen, die darmbarriere intakt zu halten [s16]. So unterstützen sie beispielsweise die Verarbeitung von Kohlenhydraten und produzieren kurzkettige Fettsäuren (SCFAs) wie Acetat, Propionat und Butyrat [s17]. Diese SCFAs dienen dem Körper als Energiequelle und beeinflussen Stoffwechselprozesse [s18]. Darüber hinaus produzieren Darmbakterien auch Vitamine, die der Mensch nicht selbst herstellen kann, wie Vitamin K und B-Vitamine [s19]. Die Zusammensetzung der Mikrobiota ist dabei nicht statisch, sondern verändert sich im Laufe des Lebens und ist abhängig von Faktoren wie Geburtsmodus, Ernährung und Antibiotika-Einnahme [s17]. Ein wichtiger Aspekt ist die Diversität der Mikrobiota – eine höhere Vielfalt wird mit einer robusteren Stoffwechselfunktion in Verbindung gebracht [s17]. Die Mikrobiota unterstützt zudem die Entwicklung des Immunsystems und schützt vor Krankheitserregern [s19]. Durch die Interaktion mit dem Immunsystem trägt sie zur Gesundheit bei und beugt Krankheiten vor [s18]. Die Bakterien im Darm produzieren außerdem neurotransmitter, die über verschiedene Wege mit dem Gehirn kommunizieren und so unser Verhalten beeinflussen können [s16]. Diese Kommunikation zwischen Darm und Gehirn wird durch Signalmoleküle wie kurzkettige Fettsäuren und Tryptophanmetaboliten vermittelt [s20]. Stress kann die Zusammensetzung und Funktion des Mikrobioms verändern, was wiederum die Stressreaktion beeinflusst [s16]. Die perinatale Phase, also die Zeit um die Geburt, beeinflusst die Entwicklung des Mikrobioms und somit auch die psychologische Entwicklung [s16]. Frühgeborene weisen beispielsweise eine andere Mikrobiota auf als termingeborene Säuglinge, mit einer geringeren Vielfalt und einem erhöhten Anteil potenziell pathogener

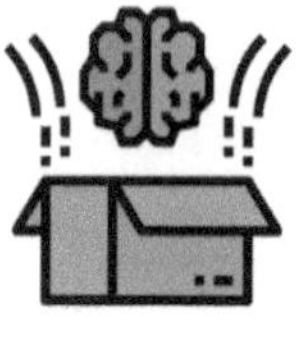

Mikroorganismen [s21]. Eine gesunde Mikrobiota in der frühen Lebensphase kann daher lebenslange gesundheitliche Vorteile bieten, indem sie die Kommunikation zwischen Gehirn und Darm und die Stressreaktion moduliert [s21].

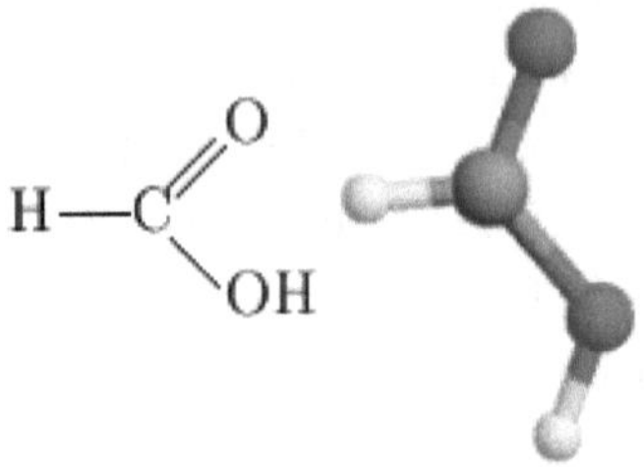

Kurzkettige Fettsäuren [i2]

Repräsentative Darmbakterien-Verteilung

Relative Häufigkeit der wichtigsten Bakterienstämme in einem gesunden Darm.

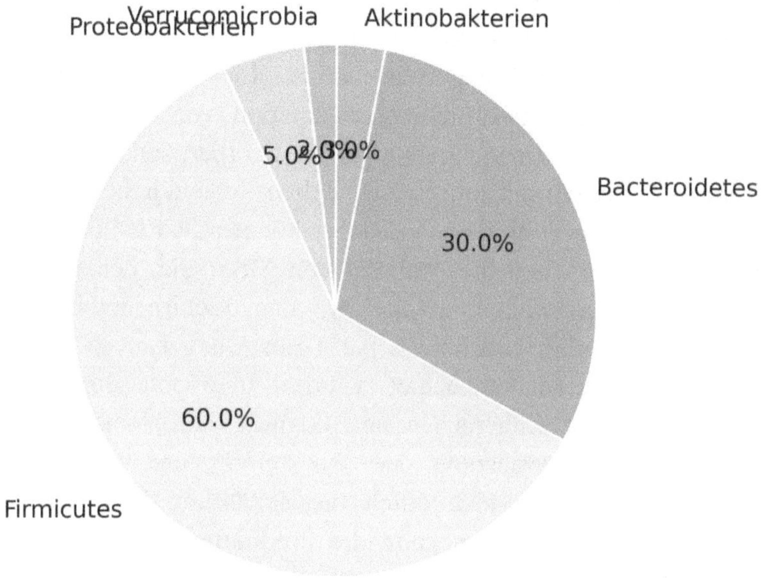

ACT: Aktinobakterien

BAC: Bacteroidetes

FIR: Firmicutes

PRO: Proteobakterien

VER: Verrucomicrobia

Die Firmicutes- und Bacteroidetes-Stämme bilden die überwiegende Mehrheit der Darmmikrobiota und unterstreichen ihre entscheidende Rolle bei der Verdauung und der allgemeinen Gesundheit. Obwohl weniger häufig, trägt das Vorhandensein von Proteobakterien, Aktinobakterien und Verrucomicrobia zur Vielfalt des Darmökosystems bei und beeinflusst wahrscheinlich verschiedene Stoffwechselprozesse. Dieses Gleichgewicht ist wichtig für die Aufrechterhaltung der Darmhomöostase und hat möglicherweise Auswirkungen auf die Darm-Hirn-Achse.

Stoffwechselprodukte der Darmbakterien

Darmbakterien produzieren eine Vielzahl von Stoffwechselprodukten, die weitreichende Auswirkungen auf unsere Gesundheit haben. Neben den bereits erwähnten kurzkettigen Fettsäuren (SCFAs) wie Acetat, Propionat und Butyrat, erzeugen Darmbakterien unter anderem auch Gallensäuren, neurotransmitter und Lipopolysaccharide (LPS). [s22] [s23] SCFAs entstehen durch die bakterielle Fermentation von Ballaststoffen und dienen nicht nur als Energiequelle für den Körper, sondern interagieren auch mit Rezeptoren auf intestinalen Zellen, wodurch sie die neuronale Kommunikation beeinflussen. [s23] So können SCFAs die Blut-Hirn-Schranke passieren und die Aktivität von Mikroglia, den Immunzellen des Gehirns, regulieren, was für die Gehirnentwicklung und Verhaltensmodulation wichtig ist. [s22] Ein Mangel an SCFAs, wie er bei älteren Mäusen beobachtet wurde, kann mit einer gestörten Mikroglia-Aktivität einhergehen und kognitive Probleme begünstigen. [s24] Die Zusammensetzung des Mikrobioms und damit auch die SCFA-Produktion lässt sich durch die Ernährung beeinflussen. Eine ballaststoffreiche Ernährung kann die Produktion von SCFAs fördern und so möglicherweise positiv auf die Gehirngesundheit wirken. Gallensäuren, ursprünglich Stoffwechselprodukte der Leber, werden im Darm durch die Darmbakterien weiterverarbeitet und in sekundäre Gallensäuren umgewandelt. [s24] Diese sekundären Gallensäuren beeinflussen unter anderem den Cholesterinstoffwechsel und die Insulinsensitivität. [s24] [s25] Erhöhte Konzentrationen von bakteriell produzierten sekundären Gallensäuren im Blut wurden mit kognitiven Einbußen in Verbindung gebracht. [s24]

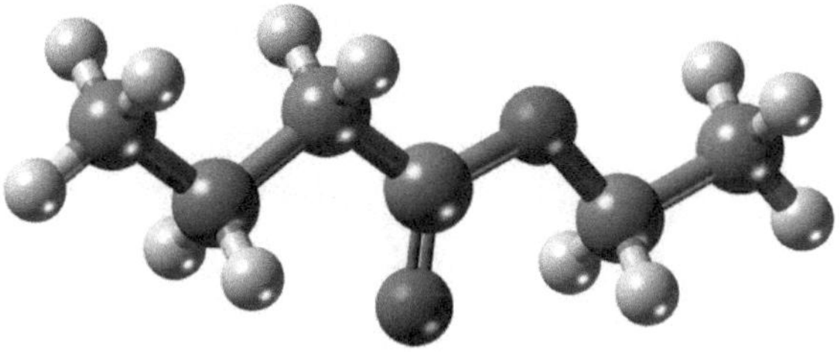

Butyrat [i3]

Darmbakterien sind auch an der Produktion von Neurotransmittern beteiligt, darunter serotonin, Dopamin und GABA. [s23] Serotonin, das zu einem Großteil im Darm produziert wird, ist nicht nur für die Darmfunktion, sondern auch für kognitive Prozesse relevant. [s26] Verschiedene Bakterienarten tragen zur Serotoninproduktion bei, indem sie die enterochromaffinen Zellen im Darm beeinflussen, die für die Serotoninsynthese zuständig sind. [s23] Lipopolysaccharide (LPS) sind Bestandteile der Zellwand bestimmter Bakterien. LPS können in den Blutkreislauf gelangen und Entzündungsreaktionen auslösen. [s22] Erhöhte Entzündungsmarker werden auch bei Depressionen beobachtet, was auf einen möglichen Zusammenhang zwischen LPS und psychischen Erkrankungen hindeutet. [s22] Eine dysbiose, also eine unausgewogene Darmflora, kann die Durchlässigkeit der Darmbarriere erhöhen und somit das Eindringen von LPS in den Blutkreislauf begünstigen. [s27]

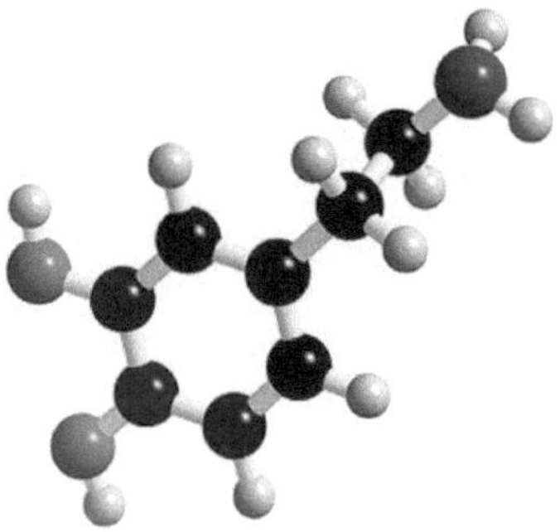

Dopamin [i4]

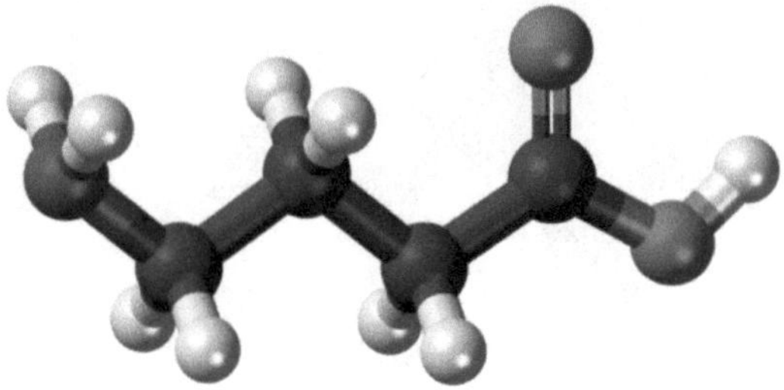

GABA [i5]

Darmbakterien-Metaboliten und Darm-Hirn-Achse

Relative Häufigkeit wichtiger Metaboliten

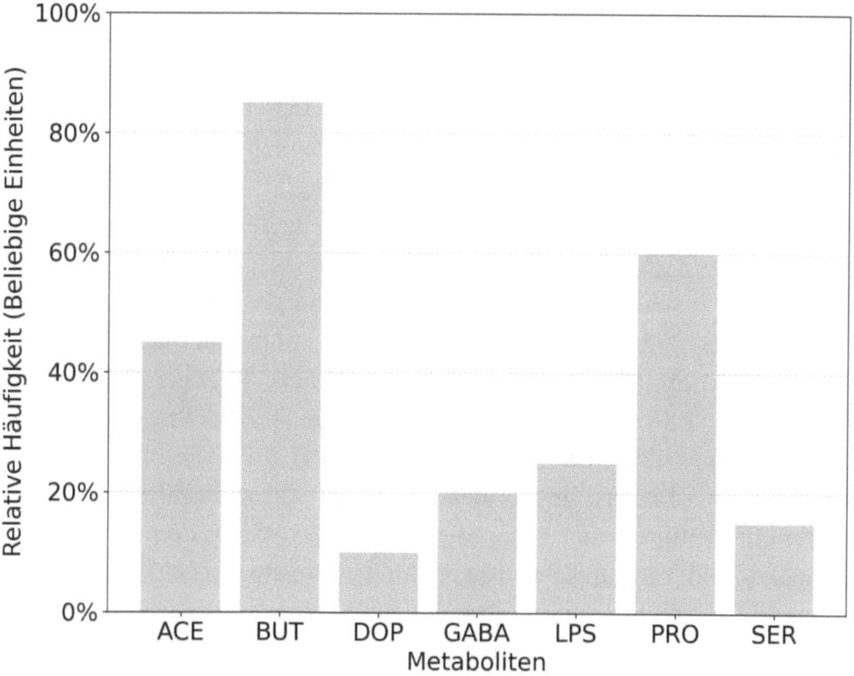

ACE: Acetat

BUT: Butyrat

DOP: Dopamin

GABA: GABA

LPS: Lipopolysaccharid

PRO: Propionat

SER: Serotonin

Die Daten zeigen die signifikante Produktion von kurzkettigen Fettsäuren wie Butyrat und Propionat, die für ihre positiven Auswirkungen auf die Darmgesundheit und Hirnfunktion bekannt sind. Die relativ niedrigeren Werte von Neurotransmittern wie Serotonin und Dopamin deuten darauf hin, dass ihre Rolle im Darm möglicherweise lokaler ist oder weiterer Untersuchungen bedarf. Das Vorhandensein von LPS weist auf potenzielle Entzündungsaktivität hin, und sein Gleichgewicht mit nützlichen Metaboliten ist entscheidend für die allgemeine Gesundheit.

Schutzfunktion der Darmbarriere

Die Darmbarriere, eine komplexe Struktur, dient als Schutzschild zwischen Darminhalt und Körperinnerem. Sie besteht aus mehreren Schichten, darunter eine aus eng miteinander verbundenen Epithelzellen [s28]. Diese bilden eine physikalische Barriere, die den Durchtritt unerwünschter Substanzen wie Krankheitserregern und Toxinen verhindert. Ergänzt wird dieser physikalische Schutz durch eine biochemische Komponente: Sekretorische Zellen produzieren Schleim und antimikrobielle Peptide, die das Eindringen von schädlichen Stoffen zusätzlich erschweren [s28]. Die ständige Regeneration des Darmepithels ist unabdingbar für die Aufrechterhaltung dieser Barrierefunktion. Gestörte Signalwege, die diese Regeneration steuern, können die Barrierefunktion beeinträchtigen [s28]. Stress kann die Durchlässigkeit der Darmbarriere erhöhen, was im Extremfall zu einem sogenannten "Leaky Gut" führt [s29]. In diesem Zustand können bakterielle Antigene und Lipopolysaccharide (LPS) in den Blutkreislauf gelangen und systemische Entzündungen auslösen [s29]. Probiotika können hier Abhilfe schaffen, indem sie die Integrität der Darmbarriere stärken und die Produktion entzündungsfördernder Botenstoffe reduzieren [s30]. Zu vergleichen mit einer gut gewarteten Stadtmauer, die Eindringlinge abwehrt, schützt eine intakte Darmbarriere den Organismus vor schädlichen Einflüssen. Eine gezielte Ernährungsweise mit ausreichend Ballaststoffen kann die Diversität der Darmbakterien positiv beeinflussen und somit indirekt die Schutzfunktion der Darmbarriere unterstützen [s31].

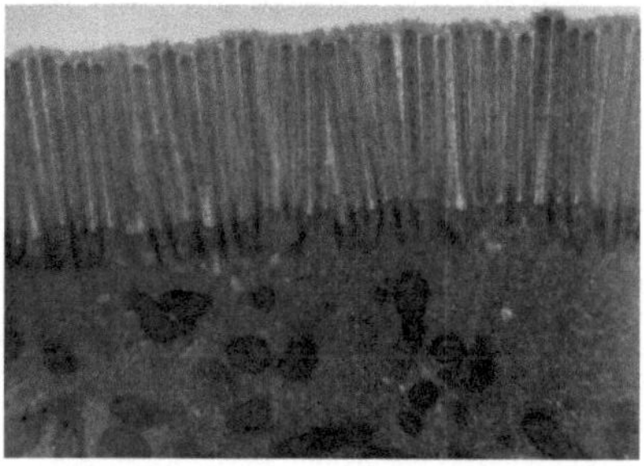

Epithelzellen [i6]

Gut zu wissen

Antimikrobielle Peptide

Antimikrobielle Peptide sind kleine Proteine, die von Zellen des Immunsystems und der Darmschleimhaut produziert werden. Sie wirken gegen verschiedene Mikroorganismen, indem sie deren Zellmembranen zerstören oder ihr Wachstum hemmen und tragen so zur Abwehr von Infektionen im Darm bei.

Epithelzellen

Epithelzellen bilden die innerste Schicht der Darmbarriere und sind eng miteinander verbunden, um das Eindringen von schädlichen Substanzen und Krankheitserregern zu verhindern. Sie spielen eine Schlüsselrolle bei der Nährstoffaufnahme und der Interaktion mit dem Mikrobiom.

Lipopolysaccharide (LPS)

Lipopolysaccharide (LPS) sind Bestandteile der Zellwand bestimmter Bakterien, die Entzündungsreaktionen auslösen können, wenn sie in den Blutkreislauf gelangen. Im Kontext der Gehirn-Darm-Verbindung wird diskutiert, ob LPS aus dem Darm über die Blutbahn ins Gehirn gelangen und dort neurologische Prozesse beeinflussen können.

Zusammensetzung der Darmbarriere-Faktoren

Relativer Beitrag der Faktoren, die die Darmbarriere-Integrität beeinflussen.

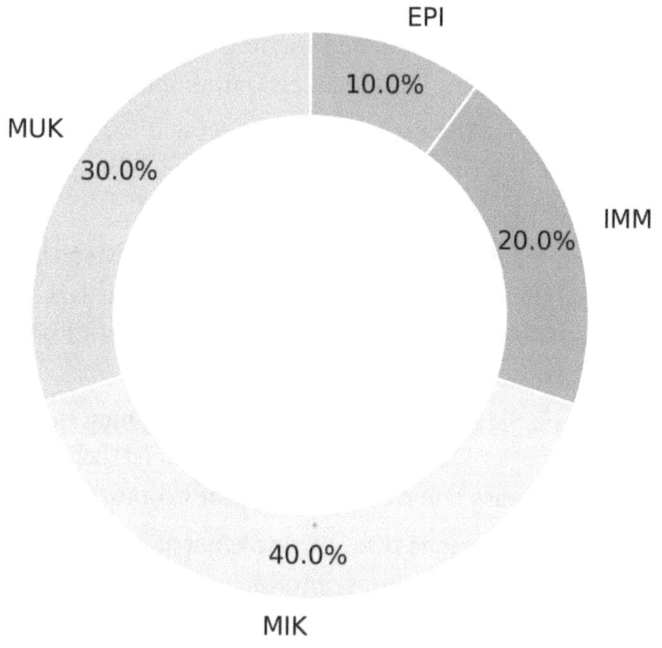

EPI: Epithelschicht
IMM: Immunsystem
MIK: Mikrobiota
MUK: Schleimschicht

Das größte Segment repräsentiert die entscheidende Rolle der Darmmikrobiota bei der Aufrechterhaltung einer gesunden Barriere. Ein bedeutender Anteil wird der Schleimschicht zugeschrieben, was ihre Bedeutung als physikalische und chemische Barriere unterstreicht. Die Immunsystem-Komponente spiegelt ihre aktive Rolle bei der Regulierung der Barrierefunktion und der Reaktion auf potenzielle Bedrohungen wider. Schließlich stellt die Epithelschicht die zelluläre Grundlage der Barriere dar, die für die selektive Permeabilität und Nährstoffaufnahme essentiell ist.

Konkrete Ratschläge

- Pflegen Sie Ihre Darmflora wie einen Garten: Bringen Sie durch den regelmäßigen Verzehr unterschiedlicher Ballaststoffquellen, wie Leinsamen, Flohsamenschalen oder Chiasamen, Vielfalt in das Beet Ihrer Darmbakterien.
- Erstellen Sie ein "Darmflora-Tagebuch": Notieren Sie, welche Lebensmittel Ihnen guttun und welche zu Unwohlsein führen, um die Bedürfnisse Ihrer individuellen Darmflora besser zu verstehen.
- Integrieren Sie präbiotische Lebensmittel wie Topinambur oder Zwiebeln in Ihre Ernährung, um die nützlichen Bakterien in Ihrem Darm gezielt zu "düngen".
- Vermeiden Sie den übermäßigen Gebrauch von Mundspülungen, da diese nicht nur schädliche, sondern auch nützliche Bakterien im Mundraum abtöten können, die wiederum die Darmflora beeinflussen.
- Unterstützen Sie die natürliche Entgiftungsleistung Ihrer Leber, da diese eng mit der Darmgesundheit verknüpft ist, beispielsweise durch den Genuss von Artischocken oder Löwenzahntee.
- Lernen Sie die Sprache Ihres Darms kennen: Achten Sie auf die Konsistenz Ihres Stuhlgangs, um Rückschlüsse auf den Zustand Ihrer Darmflora zu ziehen.
- Betrachten Sie Bitterstoffe als "Appetitanreger" für Ihre Darmflora: Integrieren Sie bittere Salate oder Kräuter wie Chicorée oder Rucola in Ihre Ernährung.
- Steigern Sie die Widerstandsfähigkeit Ihrer Darmflora, indem Sie "Stressfaktoren" wie stark verarbeitete Lebensmittel oder übermäßigen Zuckerkonsum reduzieren.

1. 3 Gehirn-Hunger-Signale

Die Steuerung von Hunger und Sättigung ist essenziell für unsere Gesundheit und unser Wohlbefinden. Ein komplexes Zusammenspiel von Hormonen, Nervensignalen und der Darmflora reguliert die Nahrungsaufnahme. Dysfunktionen in diesem System können zu Übergewicht, Essstörungen und anderen gesundheitlichen Problemen führen. Vom Magen bis zum Gehirn: verschiedene Akteure wie CCK, Ghrelin, der Vagusnerv und der Hypothalamus spielen eine entscheidende Rolle bei der Entstehung von Hunger und Sättigung. Auch die Zusammensetzung unserer Nahrung und die Aktivität unserer Darmflora beeinflussen diese Prozesse maßgeblich. Verstehen Sie die Sprache Ihres Körpers: Im folgenden Kapitel enthüllen wir die faszinierenden Details der Gehirn-Hunger-Signale und wie sie unser Essverhalten prägen.

Die Darmflora spielt eine aktive Rolle in der Appetitregulation, indem sie die Produktion von Hunger- und Sättigungshormonen moduliert und so zur Balance des Energiehaushalts beiträgt.

Sättigungsmechanismen

Sättigungsmechanismen sind komplexe Prozesse, die durch ein Zusammenspiel von Signalen aus dem Magen-Darm-Trakt und dem Gehirn reguliert werden. Der Magen signalisiert dem Gehirn sowohl über elektrische Impulse als auch durch die Freisetzung von Hormonen, wann er gefüllt ist [s32]. Diese Hormone, wie etwa Cholecystokinin (CCK), wirken als Botenstoffe und informieren das Gehirn über den Sättigungszustand, was zu einem Gefühl der Völlegefühl führt und die weitere Nahrungsaufnahme hemmt [s33]. Auch die Dehnung der Magenwände durch die aufgenommene Nahrung löst Nervenimpulse aus, die über den Vagusnerv zum Gehirn weitergeleitet werden [s34]. Dieser Nerv fungiert als eine Art Datenautobahn zwischen Magen-Darm-Trakt und Gehirn und übermittelt Informationen über den Füllungszustand und die Zusammensetzung der Nahrung. Zusätzlich zu diesen kurzfristigen Sättigungssignalen existieren auch langfristige Mechanismen, die den Energiehaushalt des Körpers regulieren. Insulin, Glukose und Aminosäuren im Blutkreislauf spielen hier eine entscheidende Rolle und beeinflussen die Sättigung über längere Zeiträume [s32]. Die Oxidation, also die Verbrennung, von Nährstoffen trägt ebenfalls zur langfristigen Sättigung bei [s32]. Ein ausgewogener Blutzuckerspiegel, etwa durch den Verzehr von ballaststoffreichen

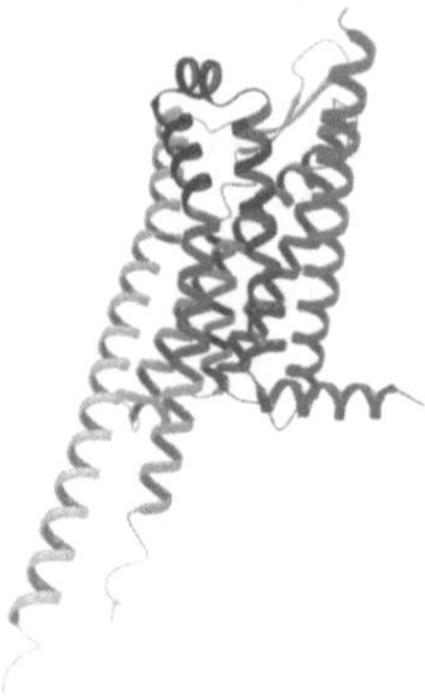

Cholecystokinin [i7]

Insulin [i8]

Lebensmitteln, die die Glukoseaufnahme verlangsamen, kann so zu einem länger anhaltenden Sättigungsgefühl beitragen. Die Forschung zur Entwicklung von Lebensmitteln, die gezielt die Sättigung fördern, bietet vielversprechende Ansätze, um das Essverhalten positiv zu beeinflussen und eine gesunde Ernährung zu unterstützen [s32]. Verschiedene Neuronen im Hypothalamus, einer Region im Gehirn, reagieren auf diese Signale und steuern das Hunger- und Sättigungsgefühl [s34]. AgRP-Neuronen fördern den Hunger, während POMC-Neuronen das Sättigungsgefühl vermitteln [s34]. Diese Neuronen werden durch Nahrungsreize und den Nährstoffstatus moduliert, was zu einer dynamischen Anpassung des Hunger- und Sättigungsgefühls führt. Die neuronale Aktivität im Hypothalamus wird also durch Signale aus dem Magen-Darm-Trakt beeinflusst und moduliert die Nahrungsaufnahme [s34].

Gut zu wissen

AgRP-Neuronen

Spezielle Nervenzellen im Hypothalamus, die das Hungergefühl stimulieren. Sie reagieren auf Signale aus dem Körper, die einen Energiebedarf anzeigen.

Cholecystokinin (CCK)

Ein Hormon, das im Dünndarm produziert wird und die Magenentleerung verlangsamt und das Sättigungsgefühl im Gehirn fördert. Es spielt eine wichtige Rolle bei der Kommunikation zwischen Darm und Gehirn in Bezug auf Hunger und Sättigung.

POMC-Neuronen

Spezielle Nervenzellen im Hypothalamus, die das Sättigungsgefühl fördern. Sie werden durch Signale aus dem Verdauungstrakt aktiviert, die anzeigen, dass genügend Nahrung aufgenommen wurde.

Sättigungssignale im Zeitverlauf

Hormonelle und sensorische Sättigungssignale während einer Mahlzeit.

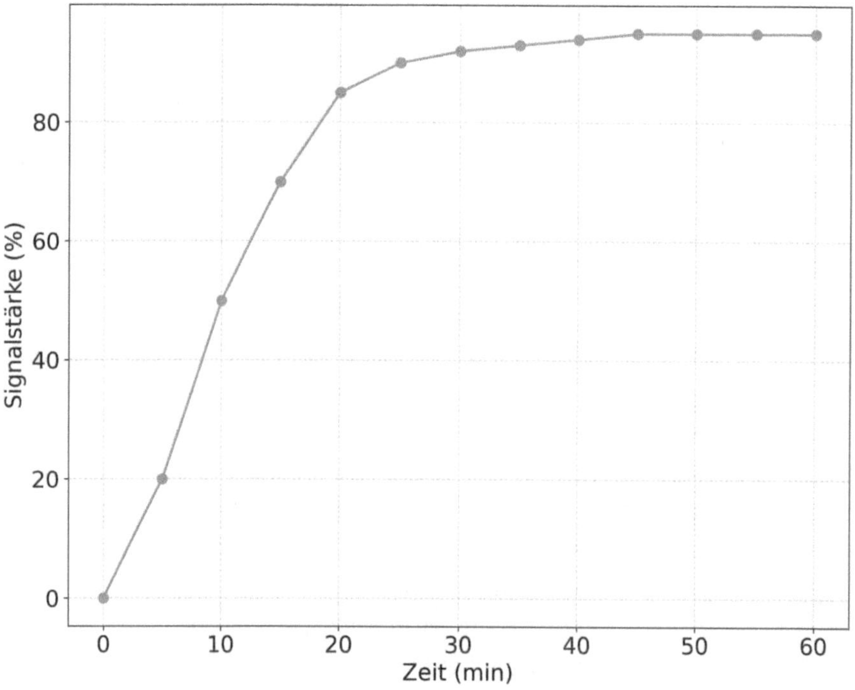

Der Graph veranschaulicht das Zusammenspiel verschiedener Sättigungssignale. Der anfängliche schnelle Anstieg der sensorischen Befriedigung trägt zum Sättigungsgefühl während der Mahlzeit bei. Wenn der sensorische Input ein Plateau erreicht, werden die hormonellen Signale, obwohl verzögert, prominenter und tragen zu einer anhaltenden Sättigung nach der Mahlzeit bei. Die Kombination dieser Signale reguliert die Nahrungsaufnahme und hilft, die Energiebilanz aufrechtzuerhalten.

Hormonelle Steuerung

Hormonelle Botenstoffe steuern Hunger und Sättigung in komplexer Weise. Neben den bereits erwähnten kurzfristigen Sättigungssignalen wie cholecystokinin_cck existieren weitere Hormone, die den Appetit und die Nahrungsaufnahme beeinflussen [s35] [s36]. Ghrelin, vorwiegend im Magen gebildet, signalisiert dem Hypothalamus Hunger, insbesondere bei leerem Magen [s35]. Im Gegensatz dazu fördern Glucagon-ähnliches Peptid-1 (GLP-1) und Peptid YY, freigesetzt nach Nahrungsaufnahme, das Sättigungsgefühl und hemmen die weitere Nahrungsaufnahme [s35]. Ein weiteres Hormon, Leptin, wird von Fettzellen produziert und reguliert langfristig das Körpergewicht, indem es die Nahrungsaufnahme hemmt und den Energieverbrauch steigert [s36]. Diese hormonellen Signale wirken auf Neuronen im Hypothalamus, die das Hunger- und Sättigungsgefühl steuern. Ein ausgewogenes Verhältnis dieser Hormone ist entscheidend für eine gesunde Regulation der Nahrungsaufnahme. Werden die Sättigungssignale beispielsweise durch chronischen Stress oder Schlafmangel gestört, kann dies zu einem verstärkten Hungergefühl und einer erhöhten Kalorienaufnahme führen. Umgekehrt können Strategien zur Verbesserung der Schlafqualität und Stressbewältigung dazu beitragen, die natürliche hormonelle Steuerung des Appetits zu unterstützen. [s37]

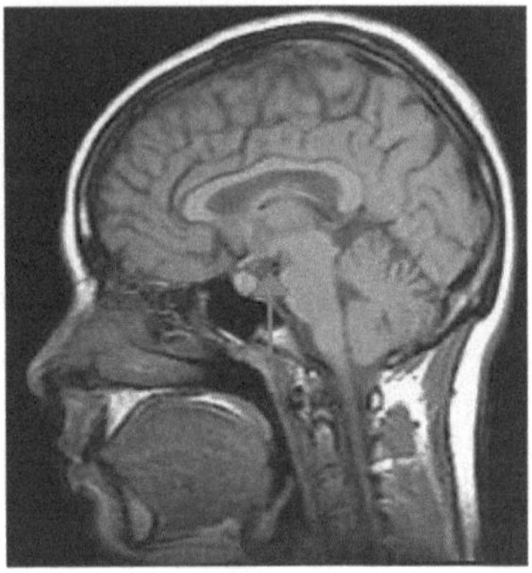

Hypothalamus [i10]

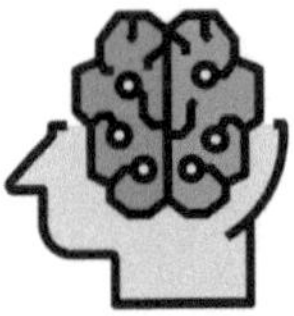

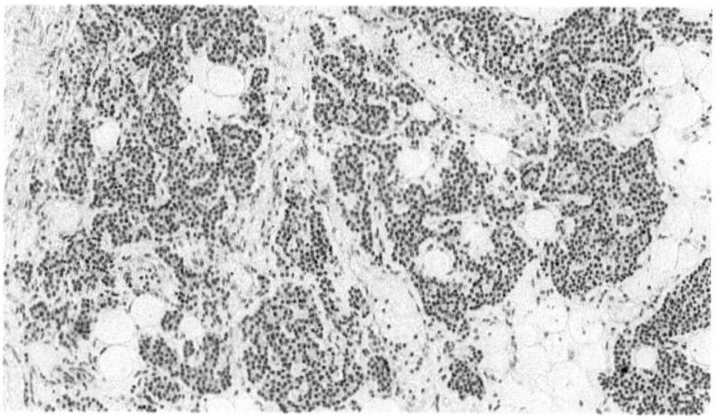

Fettzelle [i9]

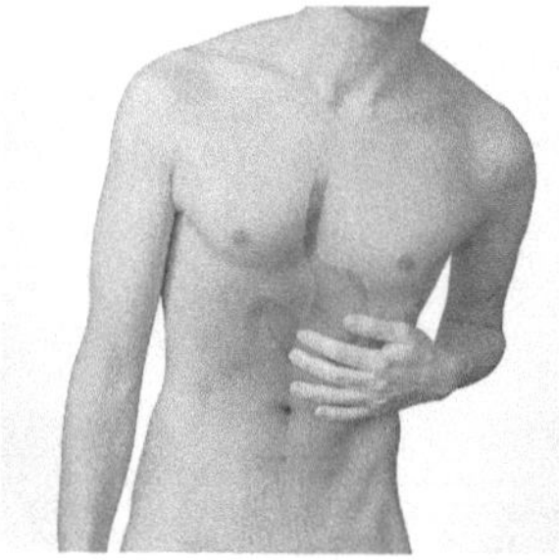

Magen [i11]

Gut zu wissen

Neuronen

Nervenzellen, die Signale im Körper und Gehirn übertragen. Im Zusammenhang mit Hunger und Sättigung empfangen Neuronen im Hypothalamus Signale von Hormonen wie Ghrelin, Leptin, GLP-1 und CCK und steuern so die Nahrungsaufnahme.

Peptid YY

Ein Hormon, das im Darm produziert wird und nach dem Essen freigesetzt wird. Es wirkt appetithemmend und trägt zur Sättigung bei, indem es die Nahrungsaufnahme reduziert.

Hormoneller Einfluss auf Hunger

Hormonspiegel und deren Auswirkung auf Hunger, kategorisiert nach Effekt.

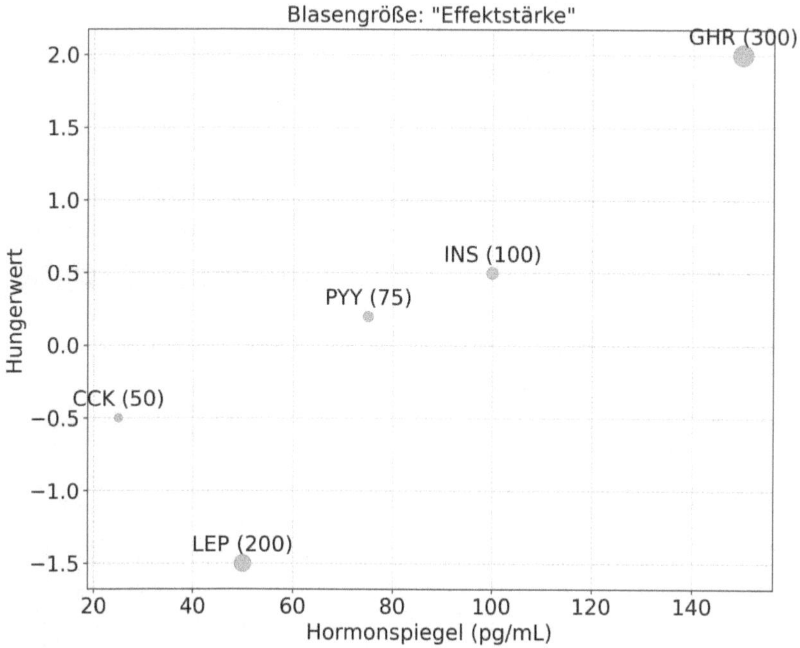

Blasengröße: Effektstärke

CCK: CCK	GHR: Ghrelin
INS: Insulin	LEP: Leptin
PYY: PYY	

Ghrelins starker Einfluss auf den Hunger zeigt sich durch seine große Größe und den hohen Hungerwert. Leptin spielt trotz seiner niedrigeren Konzentration eine wichtige Rolle bei der Sättigung, was durch seinen negativen Hungerwert gezeigt wird. Andere Hormone üben, obwohl vorhanden, einen kleineren, nuancierten Effekt auf die Hungerregulation aus.

Appetitregulation

Appetitregulation ist ein komplexes Zusammenspiel verschiedener Faktoren, die Hunger und Sättigung steuern. Neben den bekannten Hormonen wie cholecystokinin_cck, Ghrelin, GLP-1 und Peptid YY existieren weitere Mechanismen, die den Appetit beeinflussen [s38]. Das Gehirn, insbesondere der Hypothalamus und Hirnstamm, verarbeitet Signale aus dem Magen-Darm-Trakt und dem Fettgewebe, um die Nahrungsaufnahme und den Energiehaushalt zu regulieren [s38]. Metabolische Signale, darunter der Blutzuckerspiegel und Botenstoffe aus dem Fettgewebe, spielen dabei eine wichtige Rolle [s38]. So stimuliert ein sinkender Blutzuckerspiegel den Hunger, während ein Anstieg Sättigung signalisiert [s38]. Das Fettgewebe produziert Hormone wie Leptin, das die Nahrungsaufnahme hemmt und den Energieverbrauch steigert. Die Interaktion von Leptin und Insulin im Hypothalamus ist entscheidend für die Steuerung von Appetit und Energiehaushalt [s38]. Die Nahrungsaufnahme aktiviert den Vagusnerv, was die Serotoninausschüttung sowohl im Magen als auch im Gehirn erhöht und so zur Appetitregulation beiträgt [s39]. Ein tiefer, erholsamer Schlaf kann die natürliche hormonelle Steuerung des

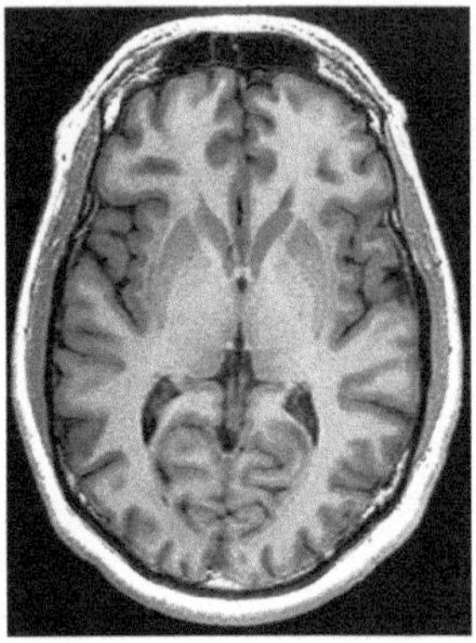

Caudatus [i12]

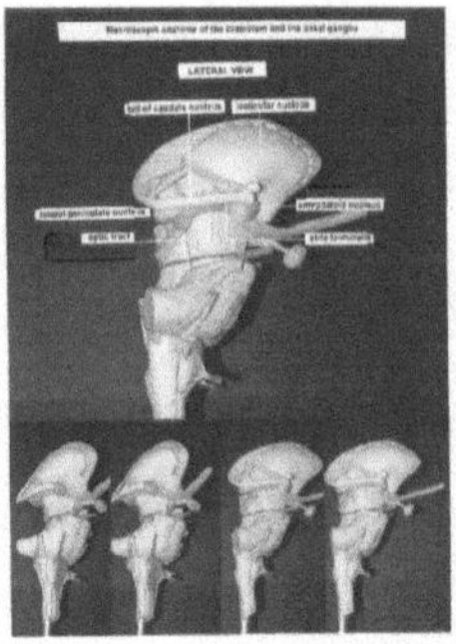

Hirnstamm [i13]

Appetits unterstützen. Die Darmflora (Mikrobiota) produziert kurzkettige Fettsäuren (SCFAs), die die Freisetzung von Sättigungshormonen wie GLP-1 und Peptid YY fördern und gleichzeitig die Produktion des Hungerhormons Ghrelin reduzieren können [s40]. Insulin, das normalerweise den Blutzucker senkt, kann bei übermäßiger Konzentration (Hyperinsulinämie) auch den Hunger steigern [s40]. Eine unausgewogene Darmflora kann zu Insulinresistenz führen und das Gleichgewicht zwischen Hunger- und Sättigungssignalen stören [s40]. Stress beeinflusst die Appetitregulation, indem er die Produktion von Hormonen wie Cortisol und Ghrelin erhöht, was zu vermehrter Nahrungsaufnahme führen kann [s40]. Die Belohnungssysteme im Gehirn, insbesondere das dopaminerge System, werden durch hochkalorische Lebensmittel aktiviert und beeinflussen das Genusserlebnis beim Essen [s40]. Neben dem Hypothalamus sind weitere Hirnregionen an der Appetitregulation beteiligt, darunter Insula, Amygdala, Hippocampus und orbitofrontaler Kortex [s41]. Die Aktivität im Caudatus, einem Teil der Basalganglien, kann sowohl positiv als auch negativ mit Sättigungsregulatoren korrelieren [s41]. Im lateralen Hypothalamus produziertes Orexin stimuliert die Nahrungsaufnahme stärker als andere Peptide [s42]. Die Zusammensetzung der Nahrung und die Darmflora beeinflussen die Ghrelin-Produktion [s43]. Während einige Bakterienarten die Ghrelin-Ausschüttung fördern, hemmen andere sie [s43]. Die komplexen Wechselwirkungen zwischen Darmflora und Ghrelin-System sind noch Gegenstand der Forschung [s43]. Eine ballaststoffreiche Ernährung kann, durch die verlangsamte Glukoseaufnahme, zu einem länger anhaltenden Sättigungsgefühl beitragen.

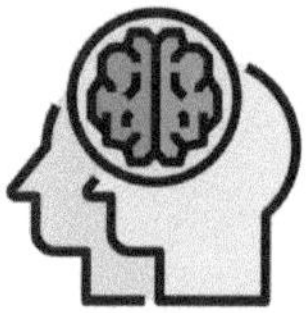

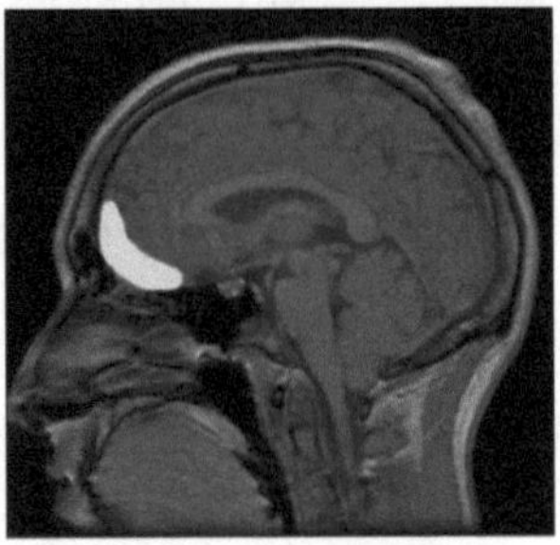

Orbitofrontaler Kortex [i14]

Gut zu wissen

Caudatus

Der Caudatus ist ein Teil der Basalganglien, die an der Steuerung von Bewegungen und Gewohnheiten beteiligt sind. Im Kontext der Appetitregulation kann der Caudatus die Nahrungsaufnahme beeinflussen, indem er auf Signale von Sättigungsregulatoren reagiert.

Kurzkettige Fettsäuren

Kurzkettige Fettsäuren (SCFAs) sind Stoffwechselprodukte, die von Darmbakterien durch die Fermentation von Ballaststoffen produziert werden. Sie dienen den Darmzellen als Energiequelle und beeinflussen die Darmgesundheit sowie die Appetitregulation.

Orbitofrontaler Kortex

Der orbitofrontale Kortex ist eine Hirnregion, die an Entscheidungsprozessen und der Bewertung von Belohnungen beteiligt ist. Er spielt eine Rolle bei der Auswahl von Nahrungsmitteln und der Kontrolle des Essverhaltens.

Orexin

Orexin ist ein Neuropeptid, das im lateralen Hypothalamus produziert wird und die Nahrungsaufnahme stimuliert. Es spielt eine wichtige Rolle bei der Regulation von Wachheit und Appetit.

Einflussfaktoren auf den Appetit

Auswirkungen auf das Hungergefühl

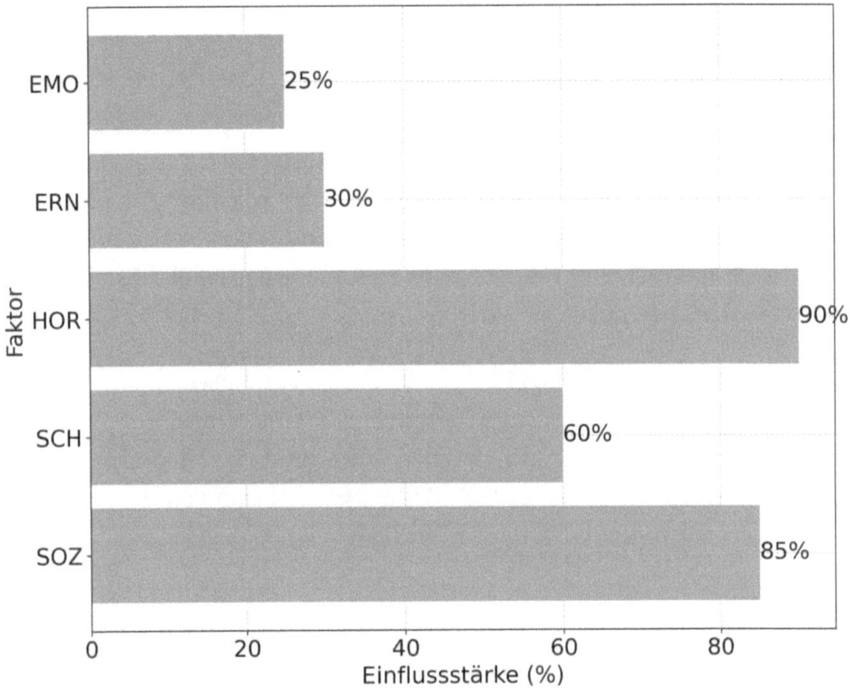

EMO: Emotionen/Stress

ERN: Ernährung

HOR: Hormonelle Einflüsse

SCH: Schlaf

SOZ: Soziale Faktoren

Hormonelle Einflüsse haben den größten Einfluss auf den Appetit, dicht gefolgt von Emotionen und Stress. Schlaf und soziale Faktoren spielen eine geringere, aber dennoch erkennbare Rolle. Die Ernährung selbst hat einen moderaten Einfluss.

Konkrete Ratschläge

- Verändern Sie Ihre Essenszeiten minimal, um Ihre inneren Hungersignale wieder zu entdecken.
- Essen Sie einen Bissen Ihrer Lieblingsspeise bewusst und langsam, um die Sättigungssignale Ihres Gehirns wahrzunehmen.
- Trinken Sie vor jeder Mahlzeit ein Glas Wasser und warten Sie fünf Minuten, um den Unterschied in Ihrem Hungergefühl zu spüren.
- Konzentrieren Sie sich beim Essen ausschließlich auf die Mahlzeit und legen Sie alle Ablenkungen wie Handy oder Fernseher beiseite.
- Schließen Sie vor jedem Bissen die Augen und stellen Sie sich den Weg der Nahrung durch Ihren Körper vor.
- Kauen Sie jeden Bissen mindestens 30 Mal, um die Verdauung und die Sättigung zu fördern.
- Variieren Sie die Texturen Ihrer Lebensmittel, um die Wahrnehmung Ihrer Sättigung zu intensivieren.
- Ersetzen Sie ein süßes Getränk durch eine Tasse ungesüßten Kräutertee und beobachten Sie, wie sich Ihr Hungergefühl verändert.
- Stellen Sie sich vor dem Griff zu einem Snack die Frage: „Bin ich wirklich hungrig oder ist es etwas anderes?“
- Atmen Sie vor und nach dem Essen tief in den Bauch, um die Verbindung zu Ihrem Verdauungssystem zu stärken.
- Nehmen Sie sich nach dem Essen Zeit für einen kurzen Spaziergang, um die Verdauung anzuregen und Ihre Sättigung zu unterstützen.
- Reflektieren Sie abends über Ihre Mahlzeiten und die damit verbundenen Gefühle, um Ihre Essgewohnheiten besser zu verstehen.

Rückblick - 1. Grundlagen der Gehirn-Darm-Verbindung

Die faszinierende Welt der Gehirn-Darm-Verbindung eröffnet uns neue Wege, unsere Gesundheit ganzheitlich zu betrachten und zu beeinflussen. Es ist nicht nur ein komplexes Netzwerk aus Nervenbahnen, Hormonen und Immunbotenstoffen, das Darm und Gehirn verbindet, sondern ein dynamisches Ökosystem, in dem die Darmflora eine entscheidende Rolle spielt. Dieses Verständnis ermöglicht es Ihnen, aktiv Einfluss auf Ihr Wohlbefinden zu nehmen.

Ein erster Schritt zur Verbesserung Ihrer Darm-Hirn-Kommunikation liegt in einer bewussten Ernährung. Ballaststoffreiche Lebensmittel, wie Obst, Gemüse und Vollkornprodukte, nähren die "guten" Darmbakterien und fördern eine vielfältige Darmflora. Diese produziert wiederum wertvolle kurzkettige Fettsäuren, die nicht nur als Energiequelle für den Körper dienen, sondern auch die Darmbarriere stärken und die Kommunikation zwischen Darm und Gehirn positiv modulieren. Achten Sie außerdem auf eine ausreichende Zufuhr von Tryptophan, einer Aminosäure, die der Körper zur Serotoninproduktion benötigt. Serotonin spielt eine wichtige Rolle für die Darmfunktion, aber auch für Ihre Stimmung, Ihren Schlaf und Ihren Appetit. Integrieren Sie tryptophanreiche Lebensmittel wie Nüsse, Samen und Hülsenfrüchte in Ihren Speiseplan, um die Serotoninproduktion auf natürliche Weise zu unterstützen.

Neben der Ernährung spielt auch Stressmanagement eine wichtige Rolle für die Darmgesundheit. Chronischer Stress kann die Zusammensetzung und Funktion Ihrer Darmflora negativ beeinflussen und die Durchlässigkeit der Darmbarriere erhöhen. Dies kann zu Entzündungen und einer gestörten Kommunikation zwischen Darm und Gehirn führen. Finden Sie daher Strategien, um Stress abzubauen, wie beispielsweise Yoga, Meditation oder regelmäßige Bewegung im Freien. Auch ausreichend Schlaf ist essenziell für eine gesunde Darm-Hirn-Achse. Schlafmangel stört die hormonelle Steuerung des Appetits und kann zu Heißhungerattacken und Gewichtszunahme führen. Achten Sie daher auf eine regelmäßige Schlafhygiene und schaffen Sie eine entspannte Schlafumgebung.

Die Umsetzung dieser Empfehlungen mag zunächst herausfordernd erscheinen. Beginnen Sie mit kleinen Schritten und integrieren Sie die Veränderungen nach und nach in Ihren Alltag. Konzentrieren Sie sich zunächst auf einen Bereich, beispielsweise die Ernährung und erweitern Sie Ihre Bemühungen schrittweise. Seien Sie geduldig mit sich selbst und feiern Sie Ihre Erfolge. Eine gesunde Darm-Hirn-Verbindung ist ein langfristiges Ziel, das sich positiv auf Ihre körperliche und geistige Gesundheit auswirkt. Investieren Sie in Ihr Wohlbefinden und entdecken Sie das Potenzial, das in der faszinierenden Wechselwirkung zwischen Darm und Gehirn steckt.

2. Ernährung für Gehirn und Darm

Haben Sie sich jemals gefragt, warum bestimmte Mahlzeiten Ihre Stimmung und Konzentration beeinflussen? Die Nahrung, die wir zu uns nehmen, wirkt sich nicht nur auf unseren Körper, sondern auch direkt auf unser Denken und Fühlen aus. Wissenschaftliche Studien belegen den engen Zusammenhang zwischen Ernährungsgewohnheiten und der Kommunikation zwischen Gehirn und Darm. Moderne Forschungsergebnisse zeigen, dass die richtigen Lebensmittel sowohl die Denkleistung steigern als auch die Darmgesundheit fördern können. In diesem Kapitel entdecken Sie die erstaunlichen Mechanismen, wie Ihre tägliche Nahrungsauswahl beide Systeme nachhaltig stärken kann.

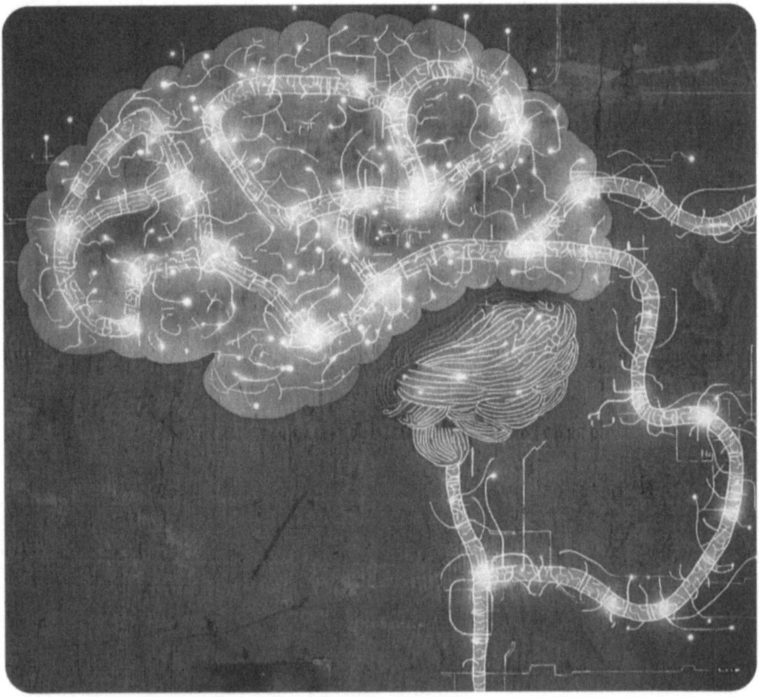

2. 1 Entzündungshemmende Lebensmittel

Entzündungen spielen eine zentrale Rolle bei der Entstehung vieler chronischer Erkrankungen und beeinflussen sowohl die Darmgesundheit als auch die Gehirnfunktion. Ungleichgewichte im Körper, wie oxidativer Stress, können diese entzündlichen Prozesse verstärken und die Kommunikation zwischen Darm und Gehirn stören. Die Ernährung bietet ein wirksames Werkzeug, um diesen Prozessen entgegenzuwirken. Sekundäre Pflanzenstoffe, Omega-3-Fettsäuren und Antioxidantien sind nur einige Beispiele für Nahrungsbestandteile mit entzündungshemmenden Eigenschaften. Sie beeinflussen die Darmflora, stärken die Darmbarriere und modulieren die Aktivität des Immunsystems. Entdecken Sie im Folgenden, wie Sie durch gezielte Lebensmittelwahl Entzündungen reduzieren und die Harmonie zwischen Darm und Gehirn fördern können.

Eine vielseitige, pflanzenreiche Ernährung liefert diverse sekundäre Pflanzenstoffe, Omega-3-Fettsäuren und Antioxidantien, die synergistisch Entzündungen im Darm und Gehirn reduzieren und die Darm-Hirn-Achse positiv beeinflussen.

Sekundäre Pflanzenstoffe

Sekundäre Pflanzenstoffe, auch Phytochemikalien genannt, sind bioaktive Substanzen, die in Pflanzen vorkommen und vielfältige Wirkungen auf den menschlichen Organismus haben [s44]. Besonders relevant für die Darm-Hirn-Achse sind ihre antioxidativen und entzündungshemmenden Eigenschaften. Diese Substanzen, zu denen unter anderem Polyphenole und Carotinoide gehören, können dazu beitragen, oxidativen Stress zu reduzieren und so entzündliche Prozesse im Körper zu mindern [s44]. Oxidativer Stress entsteht durch ein Ungleichgewicht zwischen freien Radikalen und Antioxidantien im Körper und wird mit der Entstehung verschiedener chronischer Krankheiten in Verbindung gebracht. Die antioxidative Wirkung der sekundären Pflanzenstoffe kann diesem Prozess entgegenwirken und so die Gesundheit fördern. Polyphenole, eine große Gruppe von sekundären Pflanzenstoffen, finden sich in vielen pflanzlichen Lebensmitteln wie Obst, Gemüse, Tee und Kakao [s45]. Sie beeinflussen die Zusammensetzung der Darmmikrobiota, indem sie das Wachstum nützlicher Bakterien fördern [s45]. Ein gesundes und vielfältiges Mikrobiom wiederum produziert kurzkettige Fettsäuren (SCFAs) wie Butyrat, Acetat und Propionat [s46] [s47]. SCFAs dienen den Zellen der Darmschleimhaut als Energiequelle und stärken die Barrierefunktion des Darms [s45]. Diese Barriere ist entscheidend, um das Eindringen von schädlichen Substanzen und Krankheitserregern in den Blutkreislauf zu verhindern. Darüber hinaus wirken SCFAs entzündungshemmend, sowohl lokal im Darm als auch systemisch im gesamten Körper, indem sie die Aktivität von Immunzellen modulieren [s46] [s47]. So tragen Polyphenole indirekt, über die Darmmikrobiota und die Produktion von SCFAs, zur Darmgesundheit und zur Regulierung von Entzündungen bei. Eine ballaststoffreiche Ernährung, die die Bildung von SCFAs fördert, kann, zu vergleichen mit einer Ernährung mit wenig Ballaststoffen, positive Auswirkungen auf die Entzündungsaktivität im Gehirn haben, wie Studien an Mäusen zeigen [s46]. Neben Polyphenolen gibt es weitere relevante sekundäre Pflanzenstoffe. Isothiocyanate, die vor allem in Kreuzblütlern wie Brokkoli, Blumenkohl und Kohl vorkommen, wirken zytoprotektiv und antioxidativ [s47]. Sie können entzündliche Prozesse regulieren und tragen so zum Schutz der Zellen bei. Phytoöstrogene, die in Sojabohnen, Leinsamen und Hülsenfrüchten enthalten sind, besitzen ebenfalls entzündungshemmende und antioxidative Eigenschaften [s47]. Diese Eigenschaften werden mit einem verringerten Risiko für chronische Krankheiten in Verbindung gebracht. Organoschwefelverbindungen, die in Zwiebeln und Knoblauch vorkommen, zeigen ebenfalls vielversprechende Effekte im Zusammenhang mit der Prävention chronischer Erkrankungen [s44]. Durch den Verzehr einer vielfältigen Palette an pflanzlichen Lebensmitteln kann man von den unterschiedlichen gesundheitsfördernden Eigenschaften der verschiedenen sekundären Pflanzenstoffe profitieren. So liefert beispielsweise eine Portion Brokkoli nicht nur Ballaststoffe und Vitamine, sondern auch Isothiocyanate, die zur Entzündungshemmung beitragen können.

Gut zu wissen

Isothiocyanate

Isothiocyanate, die in Kreuzblütlern wie Brokkoli und Blumenkohl vorkommen, haben entzündungshemmende und antioxidative Eigenschaften, die die Darmgesundheit und die Gehirnfunktion schützen können.

Organoschwefelverbindungen

Organoschwefelverbindungen, die in Knoblauch und Zwiebeln vorkommen, können Entzündungen reduzieren und die Darmgesundheit unterstützen, was sich positiv auf die Gehirn-Darm-Verbindung auswirken kann.

Oxidativer Stress

Oxidativer Stress kann die Zellen im Darm und Gehirn schädigen und zu Entzündungen beitragen. Entzündungshemmende Lebensmittel mit Antioxidantien können helfen, oxidativen Stress zu reduzieren und die Gesundheit der Gehirn-Darm-Verbindung zu fördern.

Phytochemikalien

Phytochemikalien, die in Obst, Gemüse und anderen pflanzlichen Lebensmitteln vorkommen, können Entzündungen im Darm reduzieren und die Darmgesundheit verbessern. Dies kann sich positiv auf die Gehirn-Darm-Verbindung auswirken, indem es die Kommunikation zwischen Darm und Gehirn verbessert und Entzündungen im Gehirn reduziert, die mit Stimmungsschwankungen und kognitiven Funktionen in Verbindung gebracht werden.

Verteilung der Phytonährstoffe für die Darm-Hirn-Gesundheit

Nahrungsquellen von entzündungshemmenden Phytonährstoffen.

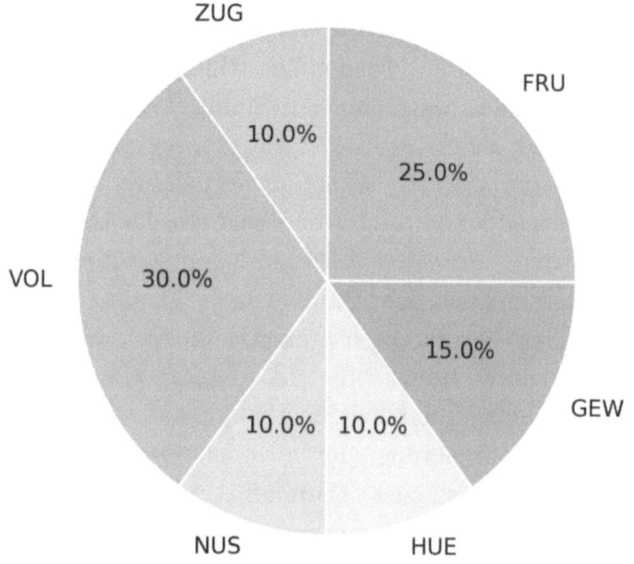

FRU: Früchte (Beeren, Zitrusfrüchte, etc.)
GEW: Gewürze und Kräuter (Kurkuma, Ingwer, etc.)
HUE: Hülsenfrüchte (Bohnen, Linsen, etc.)
NUS: Nüsse und Samen (Walnüsse, Leinsamen, etc.)
VOL: Vollkornprodukte (Hafer, Naturreis, etc.)
ZUG: Gemüse (Kreuzblütler, Blattgemüse, etc.)

Diese Grafik zeigt die verschiedenen Nahrungsquellen von entzündungshemmenden Phytonährstoffen, die für die Darm-Hirn-Gesundheit förderlich sind. Eine ausgewogene Aufnahme über diese Lebensmittelgruppen kann zu optimalen Phytonährstoffwerten beitragen, unterstützt ein gesundes Darmmikrobiom und kann möglicherweise Entzündungen reduzieren, die die kognitive Funktion beeinflussen können.

Omega-Fettsäuren

Omega-Fettsäuren, insbesondere die langkettigen Omega-3-Fettsäuren Eicosapentaensäure (EPA) und Docosahexaensäure (DHA), beeinflussen die Darmgesundheit und darüber hinaus die Darm-Hirn-Achse positiv. Sie modulieren die Zusammensetzung der Darmflora, indem sie das Wachstum bestimmter Bakterienarten fördern. So begünstigen sie beispielsweise die Vermehrung von Bifidobakterien, die zu den butyratproduzierenden Bakterien gehören [s48]. butyrat, eine kurzkettige Fettsäure (SCFA), dient den Zellen der Darmschleimhaut als Energiequelle und stärkt die Barrierefunktion des Darms [s48]. Eine intakte Darmbarriere verhindert das Eindringen schädlicher Substanzen und Krankheitserreger in den Blutkreislauf. Darüber hinaus wirken Omega-3-Fettsäuren entzündungshemmend, indem sie die Produktion entzündungsfördernder Botenstoffe (Zytokine) reduzieren und die Freisetzung entzündungshemmender Faktoren, wie Interleukin-10, fördern [s49]. Eine Ernährung, die reich an Omega-3-Fettsäuren ist, kann somit die Balance der Darmflora positiv beeinflussen und Entzündungen im Darm reduzieren, was sich wiederum günstig auf die gesamte Gesundheit auswirkt.

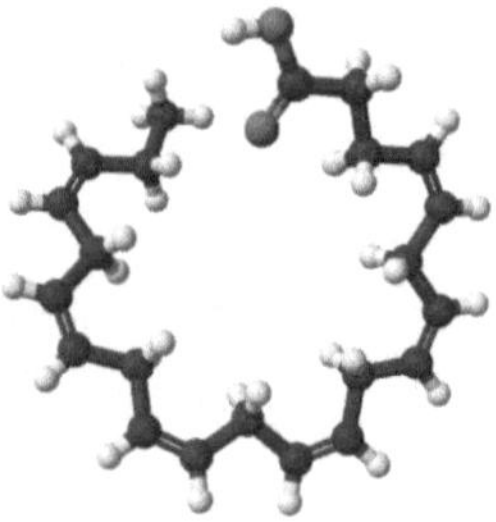

Docosahexaensäure [i15]

Das Verhältnis von Omega-6- zu Omega-3-Fettsäuren in der Ernährung ist ebenfalls relevant. Die westliche Ernährungsweise ist häufig durch ein Übermaß an Omega-6-Fettsäuren gekennzeichnet, was Entzündungsprozesse im Körper begünstigen kann [s50]. Eine gezielte Erhöhung der Omega-3-Zufuhr, etwa durch den Konsum fettreicher Fische wie Lachs, Makrele oder Hering, kann dazu beitragen, dieses Ungleichgewicht auszugleichen und Entzündungen zu reduzieren [s51]. Auch pflanzliche Quellen wie Leinsamen, Chiasamen und Walnüsse liefern Omega-3-Fettsäuren, allerdings in Form von Alpha-Linolensäure (ALA), die der Körper erst in EPA und DHA umwandeln muss. Diese Umwandlung ist jedoch oft ineffizient. Eine Ernährung, die reich an Omega-3-Fettsäuren ist, unterstützt die Produktion von SCFAs, die nicht nur die Darmgesundheit fördern, sondern auch positive Auswirkungen auf die kardiometabolische Gesundheit haben [s52]. So wurde beispielsweise die mediterrane Ernährung, die reich an Ballaststoffen und Omega-3-Fettsäuren ist, mit höheren SCFA-Spiegeln und einer verbesserten kardiometabolischen Gesundheit in Verbindung gebracht [s52]. Um von den positiven Effekten der Omega-3-Fettsäuren zu profitieren, kann es sinnvoll sein, die eigene Ernährung zu analysieren und gegebenenfalls anzupassen. Ein erhöhter Verzehr von Omega-3-reichen Lebensmitteln, zu vergleichen mit einer Ernährung mit überwiegend

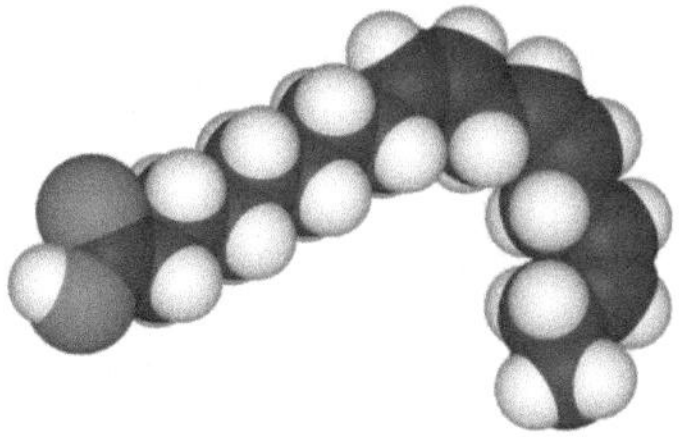

Alpha-Linolensäure [i16]

Mediterrane Ernährung [i17]

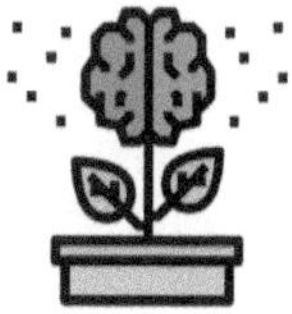

Omega-6-Fettsäuren, kann einen Beitrag zur Verbesserung der Darmgesundheit und zur Reduktion von Entzündungen leisten.

Gut zu wissen

Alpha-Linolensäure
Eine Omega-3-Fettsäure, die vom Körper in EPA und DHA umgewandelt werden muss. Sie trägt zur Darmgesundheit bei und beeinflusst somit indirekt die Gehirnfunktion.

Eicosapentaensäure
Eine Omega-3-Fettsäure, die Entzündungen im Darm reduziert und die Kommunikation zwischen Darm und Gehirn verbessert.

Mediterrane Ernährung
Eine Ernährungsform, die reich an Omega-3-Fettsäuren und Ballaststoffen ist und die Darmgesundheit und die Gehirn-Darm-Kommunikation fördert.

Zytokine
Botenstoffe des Immunsystems, die Entzündungen regulieren. Ein Ungleichgewicht kann die Darmgesundheit und die Gehirn-Darm-Kommunikation beeinflussen.

Omega-3-Fettsäuregehalt in Lebensmitteln zur Unterstützung der Gehirn-Darm-Achse

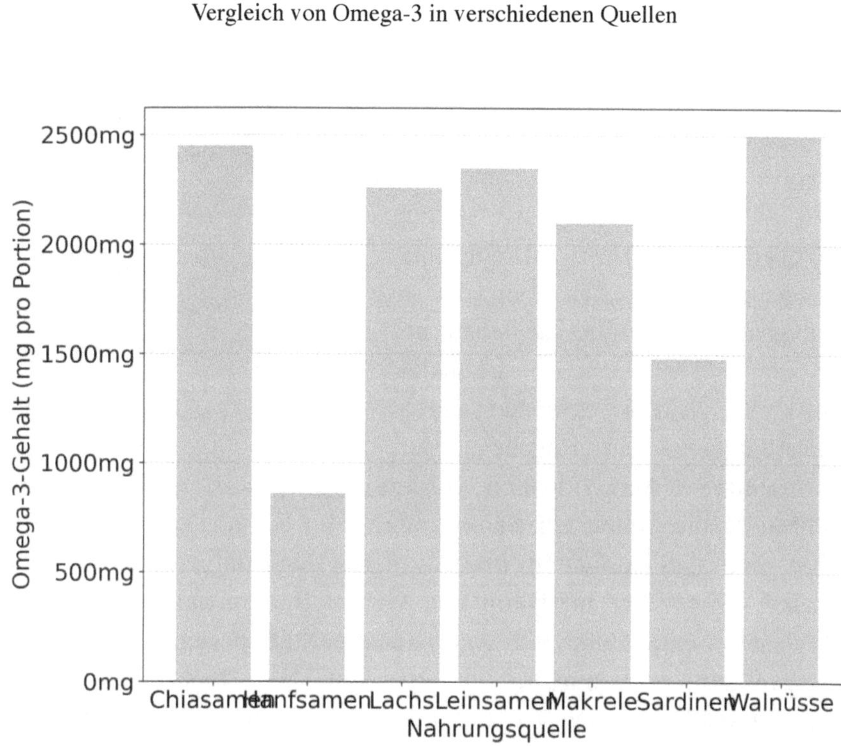

Chia: Chiasamen (1 EL)

Hemp: Hanfsamen (1 EL)

Sal: Lachs (100g)

Wal: Walnüsse (1/4 Tasse)

Flax: Leinsamen (1 EL)

Mac: Makrele (100g)

Sard: Sardinen (100g)

Fettreiche Fische wie Lachs und Makrele sind ausgezeichnete Quellen für EPA und DHA, wichtige Omega-3-Fettsäuren für die Gehirngesundheit. Pflanzliche Quellen wie Leinsamen und Chiasamen liefern ALA, das der Körper in EPA und DHA umwandelt, wenn auch weniger effizient. Während Walnüsse ebenfalls ALA enthalten, ist ihr Gehalt vergleichsweise niedriger. Die Aufnahme einer Vielzahl dieser Lebensmittel kann zu einer gesunden Omega-3-Aufnahme beitragen und möglicherweise die Gehirn-Darm-Achse unterstützen.

Antioxidantien

Ingwer [i19]

Antioxidantien spielen eine entscheidende Rolle im Kampf gegen oxidativen_stress, einem Zustand, der durch ein Übermaß an freien Radikalen im Körper entsteht und Zellschäden verursachen kann. Diese schädigenden Moleküle entstehen im Rahmen normaler Stoffwechselprozesse, aber auch durch Umweltfaktoren wie Rauchen oder UV-Strahlung. Antioxidantien neutralisieren freie Radikale und schützen so die Zellen vor Schädigungen. Im Kontext der Darm-Hirn-Achse sind Antioxidantien besonders relevant, da oxidativer Stress Entzündungsprozesse im Darm und Gehirn fördern kann [s53] [s54]. Polyphenole, eine Klasse von Antioxidantien, die in vielen pflanzlichen Lebensmitteln vorkommen, wirken nicht nur direkt antioxidativ, sondern modulieren auch die Aktivität von Immunzellen und reduzieren die Produktion entzündungsfördernder Botenstoffe [s53] [s54]. So können sie etwa die negativen Auswirkungen von oxidativem Stress auf die Darmgesundheit und die kognitive Funktion mindern. Neben Polyphenolen finden sich auch in Kaffee zahlreiche bioaktive

Verbindungen mit antioxidativen Eigenschaften, vor allem Chlorogensäuren [s55]. Diese Substanzen können die Aktivierung proinflammatorischer Faktoren hemmen und so einen schützenden Effekt auf die Schleimhaut des Magen-Darm-Trakts ausüben [s55]. Auch bestimmte Gewürze bieten ein breites Spektrum an Antioxidantien, die, ergänzend zu einer ausgewogenen Ernährung, zur Entzündungshemmung beitragen können [s56]. Ein Gericht mit Kurkuma und Ingwer etwa liefert nicht nur geschmackliche Vielfalt, sondern auch wertvolle Antioxidantien, die die körpereigenen Abwehrmechanismen unterstützen.

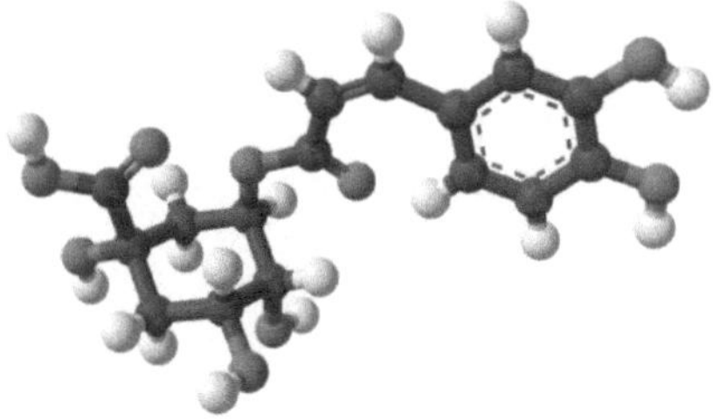

Chlorogensäure [i18]

Kurkuma [i20]

Gut zu wissen

Chlorogensäuren

Chlorogensäuren können die Darmdurchlässigkeit (Leaky Gut) reduzieren und so dazu beitragen, Entzündungen im Körper und im Gehirn zu minimieren, was positive Auswirkungen auf die Gehirn-Darm-Verbindung hat.

Freie Radikale

Freie Radikale können die Zellen der Darmwand schädigen und Entzündungen begünstigen, was die Kommunikation zwischen Darm und Gehirn stören kann. Antioxidantien in Lebensmitteln helfen, diese schädlichen Moleküle zu neutralisieren.

Ingwer

Ingwer kann die Verdauung fördern und Entzündungen im Darm lindern, was die Darmgesundheit und die Kommunikation zwischen Darm und Gehirn unterstützt.

Kurkuma

Kurkuma enthält Curcumin, das entzündungshemmende Eigenschaften besitzt und die Darmflora positiv beeinflussen kann, was sich wiederum positiv auf die Gehirn-Darm-Verbindung auswirkt.

Auswirkungen von antioxidativen und entzündungshemmenden Lebensmitteln

Auswirkungen von Lebensmitteln auf die Darm-Hirn-Gesundheit.

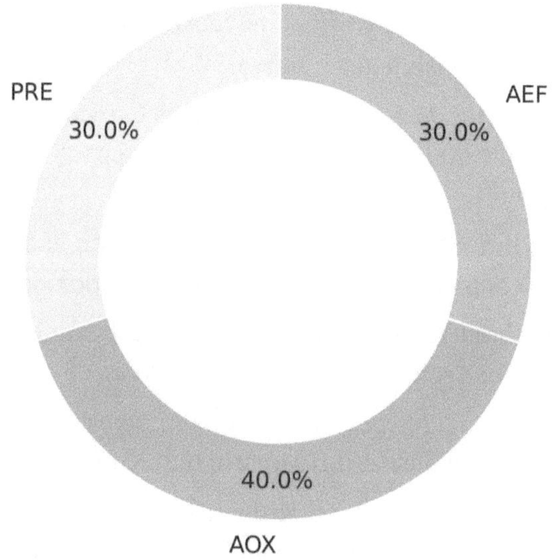

- AEF: Entzündungshemmend (Entzündungsreduktion)
- AOX: Antioxidantien (Zellschutz)
- PRE: Präbiotika (Darmbakterien-Unterstützung)

Diese Grafik veranschaulicht die relativen Auswirkungen verschiedener Lebensmittelkategorien auf die Darm- und Hirngesundheit durch ihre antioxidativen und entzündungshemmenden Eigenschaften. Eine ausgewogene Aufnahme über diese Kategorien hinweg ist entscheidend für eine optimale Darm-Hirn-Verbindung. Während Präbiotika speziell nützliche Darmbakterien nähren, schützen Antioxidantien vor Zellschäden und entzündungshemmende Verbindungen reduzieren Entzündungen im ganzen Körper, einschließlich des Gehirns. Die Konzentration auf eine abwechslungsreiche Ernährung, die reich an diesen Komponenten ist, kann die kognitive Funktion, die Stimmung und das allgemeine Wohlbefinden positiv beeinflussen.

Konkrete Ratschläge

- Kreieren Sie Ihr persönliches Anti-Entzündungs-Müsli: Kombinieren Sie Beeren, Nüsse und Leinsamen mit Gewürzen wie Kurkuma und Zimt.
- Tauschen Sie Ihre gewohnte Zwischenmahlzeit gegen eine Handvoll Mandeln und ein Stück Obst – eine leckere und entzündungshemmende Alternative.
- Verwenden Sie beim Kochen öfter natives Olivenöl extra und Leinöl, um Ihre Gerichte mit wertvollen Omega-3-Fettsäuren anzureichern.
- Peppen Sie Ihre Salate mit gehackten Walnüssen und einem Spritzer Zitronensaft auf – für einen extra Schub an Antioxidantien.
- Starten Sie Ihren Tag mit einem entzündungshemmenden Smoothie aus grünem Blattgemüse, Beeren und Ingwer.
- Geben Sie Ihrem Abendessen eine entzündungshemmende Note: Rösten Sie Ihr Gemüse mit Rosmarin und Knoblauch.
- Trinken Sie täglich eine Tasse grünen Tee, um von seinen antioxidativen und entzündungshemmenden Eigenschaften zu profitieren.
- Integrieren Sie regelmäßig fettreichen Fisch wie Lachs oder Makrele in Ihren Speiseplan.
- Bereiten Sie sich einen bunten Salatteller mit verschiedenen Gemüsesorten zu, um die Vielfalt an sekundären Pflanzenstoffen zu nutzen.
- Naschen Sie zwischendurch eine kleine Schale Beeren – sie sind reich an Antioxidantien und schützen Ihre Zellen.
- Trinken Sie täglich ausreichend Wasser, um die Ausscheidung von Stoffwechselprodukten zu unterstützen und Entzündungen vorzubeugen.

2. 2 Gehirnoptimierte Ernährung

Die richtige Ernährung beeinflusst die komplexe Kommunikation zwischen Darm und Gehirn maßgeblich. Nährstoffe wirken auf kognitive Prozesse, synaptische Plastizität und die Produktion von Neurotransmittern. Falsche Ernährung hingegen kann diese Prozesse stören und das Risiko neurologischer Probleme erhöhen. Eine gezielte Auswahl an Lebensmitteln bietet die Chance, die eigene mentale Leistungsfähigkeit zu optimieren und das Wohlbefinden zu steigern. Ballaststoffe, Vitamine, Aminosäuren und Antioxidantien spielen hierbei eine entscheidende Rolle. Entdecken Sie im Folgenden, wie Sie durch eine gehirnoptimierte Ernährung Ihre kognitive Leistungsfähigkeit positiv beeinflussen und langfristig erhalten können.

Für eine optimale Gehirngesundheit ist eine ganzheitliche Betrachtungsweise wichtig, die sowohl die Ernährung als auch die Darmgesundheit berücksichtigt, da die Darm-Mikrobiota durch die Produktion von kurzkettigen Fettsäuren (SCFAs), Neurotransmittern und die Beeinflussung des Stoffwechsels einen erheblichen Einfluss auf die kognitiven Funktionen hat.

Nervennährstoffe

Nervennährstoffe beeinflussen die komplexe Kommunikation zwischen Darm und Gehirn. Eine Ernährung, die reich an Omega-3-Fettsäuren ist, kann kognitive Prozesse und die synaptische Funktion fördern [s57]. Im Gegensatz dazu können hohe Mengen an gesättigten Fettsäuren die kognitive Verarbeitung beeinträchtigen und das Risiko neurologischer Dysfunktionen erhöhen [s57]. Nahrungsmittel beeinflussen die neuronale Funktion und synaptische Plastizität, die für die Gehirngesundheit relevant sind [s57]. Hormone aus dem Magen-Darm-Trakt, unter anderem Leptin, Ghrelin und GLP1, können die kognitive Funktion beeinflussen [s57]. BDNF, ein Wachstumsfaktor für Nervenzellen, wird durch die Nahrungsaufnahme reguliert und ist wichtig für die synaptische Plastizität [s57]. Die Kombination von Ernährung und Bewegung kann synergistische Effekte auf die synaptische Plastizität und kognitive Funktionen haben [s57]. Eine ausgewogene Ernährung ist für die Aufrechterhaltung der kognitiven Funktionen und die Prävention kognitiver Beeinträchtigungen wichtig [s57]. Ballaststoffe in der Nahrung können Entzündungen im Gehirn reduzieren und die Produktion von kurzkettigen Fettsäuren (SCFAs) anregen [s58]. Diese SCFAs besitzen entzündungshemmende Eigenschaften und können das Gedächtnis verbessern [s58]. Die Mikrobiota des Darms verändert sich im Alter und kann zu einer geringeren Diversität führen, wodurch sich krankheitsassoziierte Bakterien ausbreiten können [s58]. Die Kombination von SCFA-produzierenden Bakterien mit dem Präbiotikum Inulin kann die SCFA-Produktion erhöhen, Entzündungen im Gehirn reduzieren und möglicherweise das Mikrobiom verjüngen [s58]. Veränderungen im Cholesterinstoffwechsel, die mit neurodegenerativen Erkrankungen zusammenhängen, können durch die Mikrobiota beeinflusst werden, insbesondere durch die Umwandlung von primären in sekundäre Gallensäuren [s58]. Die Darm-Mikrobiota beeinflusst das zentrale Nervensystem durch die Produktion von neurotransmittern, die

Stimmung und Verhalten beeinflussen [s59]. Diese im Darm synthetisierten Neurotransmitter sind wichtig für die Entwicklung des enterischen und zentralen Nervensystems. Niedrige Spiegel werden mit Störungen der Magen-Darm-Motilität und der Stimmung in Verbindung gebracht [s59]. Nährstoffe können über epigenetische Mechanismen die Funktion des zentralen Nervensystems beeinflussen und die kognitive Leistung verbessern [s59]. Eine nährstoffreiche Ernährung kann altersbedingten kognitiven Beeinträchtigungen vorbeugen und neuroplastische Prozesse im Gehirn unterstützen [s59]. Die Wechselwirkungen zwischen Mikrobiota und Nährstoffen beeinflussen die Nährstoffaufnahme und fördern so die Gesundheit des zentralen und enterischen Nervensystems [s59]. Mit zunehmendem Alter kann eine gezielte Ernährung, die die Darmgesundheit und die Produktion von SCFAs fördert, dazu beitragen, kognitive Funktionen zu erhalten. So kann der regelmäßige Verzehr von präbiotischen Lebensmitteln wie Chicorée, Topinambur oder Zwiebeln die SCFA-Produktion im Darm anregen.

Omega-3-Fettsäuren [i21]

Gut zu wissen

Neuronale Funktion

Die neuronale Funktion bezieht sich auf die Aktivität der Nervenzellen im Gehirn und im Nervensystem. Eine optimale neuronale Funktion ist wichtig für alle kognitiven Prozesse und die allgemeine Gesundheit.

Epigenetisch

Epigenetische Mechanismen beeinflussen die Aktivität von Genen, ohne die DNA-Sequenz selbst zu verändern. Die Ernährung kann epigenetische Veränderungen hervorrufen, die sich auf die Gesundheit des Gehirns auswirken können.

Präbiotikum

Präbiotika sind unverdauliche Nahrungsbestandteile, die das Wachstum und die Aktivität bestimmter Bakterien im Darm fördern und somit die Darmgesundheit positiv beeinflussen. Sie dienen als Nahrung für die guten Darmbakterien und können so die Produktion von kurzkettigen Fettsäuren anregen.

Synaptische Plastizität

Die synaptische Plastizität beschreibt die Fähigkeit des Gehirns, die Stärke der Verbindungen zwischen Nervenzellen (Synapsen) zu verändern. Diese Anpassungsfähigkeit ist die Grundlage für Lernen und Gedächtnis. Eine gesunde Ernährung kann diese Plastizität positiv beeinflussen und so die kognitive Leistungsfähigkeit verbessern.

Nervennährstoffbedarf

Wichtige Nährstoffe für die Gehirngesundheit

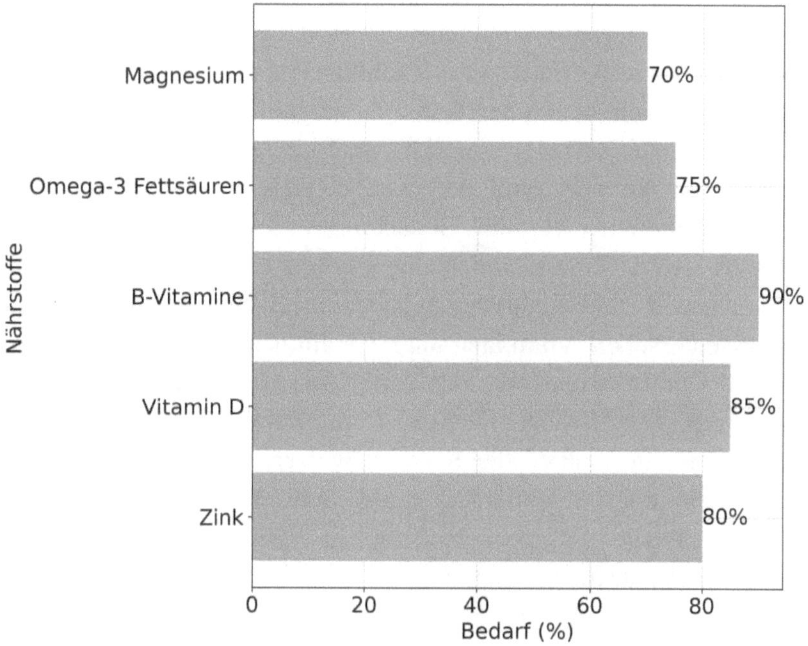

MAG: Magnesium | OM3: Omega-3-Fettsäuren
VITB: B-Vitamine | VITD: Vitamin D
ZNK: Zink

Omega-3-Fettsäuren sind essenziell für die Gehirnfunktion, während B-Vitamine den Energiestoffwechsel und die Nervenfunktion unterstützen. Vitamin D spielt eine Rolle bei der Neuroprotektion und der kognitiven Funktion. Magnesium ist wichtig für die synaptische Plastizität und die Stressregulation. Schließlich ist Zink entscheidend für die Neurotransmission und die kognitive Leistung. Ein ausgewogenes Verhältnis dieser Nährstoffe ist wichtig für ein optimales Nervensystem.

Gedächtnisfördernde Nahrungsmittel

Gehirngesundheit und Gedächtnisleistung hängen eng mit der Ernährung zusammen. Mikronährstoffe spielen eine entscheidende Rolle für die kognitiven Fähigkeiten. So unterstützen B-Vitamine, insbesondere B6, B9 (Folsäure) und B12, die Nervenfunktion und die Bildung von neurotransmittern, die für Lernprozesse und das Gedächtnis unerlässlich sind [s60]. Ein Mangel an diesen Vitaminen kann zu kognitiven Beeinträchtigungen führen. Ähnlich verhält es sich mit Cholin, einem essentiellen Nährstoff, der an der Synthese von Acetylcholin beteiligt ist, einem Neurotransmitter, der für das Gedächtnis und die kognitive Funktion wichtig ist [s60]. Eine ausreichende Cholinzufuhr durch Lebensmittel wie Eier, Leber und Sojabohnen kann die Gedächtnisleistung positiv beeinflussen. Neben Vitaminen und Cholin sind auch Antioxidantien für die Gehirngesundheit relevant. Antioxidantien schützen die Gehirnzellen vor Schäden durch freie Radikale. Vitamin E und Curcumin, ein Bestandteil der Kurkumawurzel, wirken antioxidativ und können kognitive Beeinträchtigungen, z.B. nach Hirnverletzungen, reduzieren [s60]. Polyphenole, die in Obst, Gemüse und Tee vorkommen, besitzen ebenfalls antioxidative Eigenschaften und können die Gedächtnisleistung verbessern. Eine Ernährung, die reich an Beeren und grünem Blattgemüse ist, wird mit einem geringeren Risiko für neurodegenerative Erkrankungen wie Parkinson in Verbindung gebracht [s61]. Ballaststoffe, die in Vollkornprodukten, Obst und Gemüse enthalten sind, fördern nicht nur die Darmgesundheit, sondern beeinflussen auch die kognitiven Funktionen positiv [s62]. Ballaststoffe wirken präbiotisch, d.h., sie dienen als Nahrung für die nützlichen Bakterien im Darm. Diese Bakterien produzieren kurzkettige Fettsäuren (scfas), wie z.B. butyrat, die entzündungshemmend wirken und die Blut-Hirn-Schranke überwinden können, um im Gehirn positive Effekte zu entfalten [s61]. So kann eine ballaststoffreiche Ernährung dazu beitragen, Entzündungen im Gehirn zu reduzieren und die Gedächtnisleistung zu verbessern [s62]. Eine Ernährungsumstellung hin zu mehr Ballaststoffen kann, neben einer gesteigerten Gedächtnisleistung, die Aktivität von Mikroglia, den Immunzellen des Gehirns, regulieren und deren dysregulierten Zustand, der häufig bei älteren Menschen auftritt, verbessern [s62]. Eine weitere Aminosäure, die die kognitiven Funktionen beeinflusst, ist tryptophan. Tryptophan ist eine Vorstufe des Neurotransmitters serotonin, der eine wichtige Rolle bei der Stimmungsregulation, dem Schlaf und der Kognition spielt [s63]. Ein Tryptophanmangel kann die Gedächtnisleistung beeinträchtigen, während eine ausreichende Zufuhr die Aufmerksamkeit und das Gedächtnis verbessern kann [s63]. Tryptophan kommt in proteinreichen Lebensmitteln wie Fleisch, Fisch, Eiern und Nüssen vor. Die gezielte Auswahl von Lebensmitteln, die reich an Tryptophan sind, kann die Stimmung und die kognitiven Funktionen unterstützen. Darüber hinaus kann eine überwiegend pflanzenbasierte Ernährung, die reich an Ballaststoffen und Polyphenolen ist, positive Auswirkungen auf die psychische Gesundheit haben [s61]. Eine mediterrane Ernährungsweise, die viel Gemüse, Obst, Hülsenfrüchte, Nüsse, Fisch und Olivenöl beinhaltet, wird mit einer verbesserten kognitiven Funktion und einem geringeren Risiko für neurodegenerative Erkrankungen in Verbindung gebracht [s64]. Die MIND-Diät, eine Kombination aus der mediterranen und der DASH-Diät (Dietary Approaches to Stop Hypertension), ist speziell darauf ausgerichtet, den kognitiven Abbau zu verlangsamen [s64]. Sie legt den Fokus auf den Verzehr von grünem Blattgemüse, Beeren, Nüssen, Vollkornprodukten, Fisch, Geflügel, Olivenöl und begrenzt den Konsum von rotem Fleisch, Butter, Käse, Süßigkeiten und Fast Food. Durch die bewusste Integration dieser Lebensmittel in den Speiseplan lässt sich die Gehirngesundheit langfristig fördern.

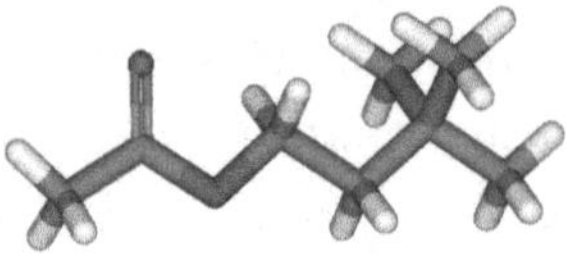

Acetylcholin [i22]

Gehirnfördernde Lebensmittel und Darmgesundheit

Wirksamkeit von gehirnfördernden Lebensmitteln in Bezug auf Darmgesundheit und kognitive Funktion.

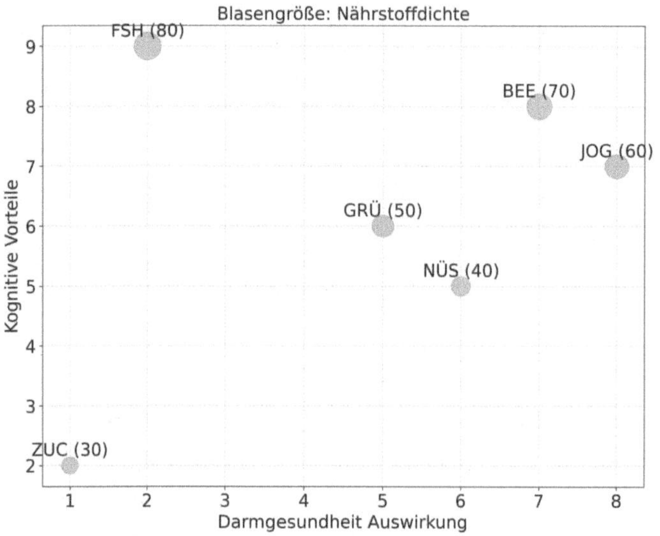

Blasengröße: Nährstoffdichte

BEE: Beeren (Heidelbeeren, etc.)

FSH: Fettreicher Fisch (Lachs, etc.)

GRÜ: Grünes Blattgemüse (Spinat, Grünkohl)

JOG: Joghurt/Fermentierte Lebensmittel

NÜS: Nüsse und Samen

ZUC: Zuckerhaltige Snacks/Verarbeitete Lebensmittel

Lebensmittel mit hohem Gehalt an Präbiotika und Probiotika, wie Joghurt und fermentierte Lebensmittel, zeigen eine starke Korrelation mit verbesserter kognitiver Funktion. Während fettreicher Fisch signifikante kognitive Vorteile bietet, haben sie in diesem Datensatz einen geringeren Einfluss auf die Darmgesundheit. Grünes Blattgemüse bietet moderate Vorteile für Darm und Gehirn und stellt einen ausgewogenen Ansatz dar. Zuckerhaltige Snacks zeigen eine negative Korrelation mit beiden, was darauf hindeutet, dass sie sowohl für die Darm- als auch für die kognitive Funktion schädlich sein könnten.

Konzentrationsstärkende Substanzen

Konzentrationsfördernde Substanzen wirken über verschiedene Mechanismen. neurotransmitter, chemische Botenstoffe im Gehirn, sind zentral für die Informationsverarbeitung. Aminosäuren wie Tryptophan dienen als Bausteine für die Synthese von Serotonin, einem Neurotransmitter, der Stimmung, Schlaf und Kognition reguliert [s65]. Eine Tryptophanreiche Ernährung kann so die Konzentration indirekt unterstützen. Neben der Ernährung kann auch regelmäßige Bewegung und Lichtexposition den Serotoninspiegel erhöhen und so die Stimmung und die sozialen Funktionen verbessern [s66]. Ein weiterer wichtiger Aspekt ist der Blutzuckerspiegel. Lebensmittel mit hohem glykämischen Index und hoher glykämischer Last können zu starken Blutzuckerschwankungen führen, die sich negativ auf die Konzentration und die Stimmung auswirken und depressive Symptome fördern können [s67]. Daher ist eine ausgewogene Ernährung mit komplexen Kohlenhydraten und ballaststoffreichen Lebensmitteln empfehlenswert, um den Blutzuckerspiegel stabil zu halten. Ein Frühstück mit Vollkornprodukten, Obst und Nüssen kann beispielsweise die Konzentrationsfähigkeit über den Tag hinweg unterstützen, indem es den Blutzuckerspiegel reguliert und dem Körper wichtige Nährstoffe liefert [s68]. Hormone, die im Magen-Darm-Trakt produziert werden, spielen ebenfalls eine Rolle bei der Konzentrationsfähigkeit. Leptin, Ghrelin und GLP-1 beeinflussen die synaptische_plastizitaet und kognitive Funktionen [s69]. Eine ausgewogene Ernährung, die die Produktion dieser Hormone reguliert, kann die Konzentration positiv beeinflussen. Die B-Vitamine, insbesondere B6, B9 (Folsäure) und B12, sind für die Energieproduktion und die Synthese von Neurotransmittern essenziell [s70]. Ein Mangel kann zu kognitiven Beeinträchtigungen führen. Obwohl sich die Forschung oft auf diese drei Vitamine konzentriert, ist die gesamte Gruppe der B-Vitamine für eine optimale Gehirnfunktion

wichtig, da sie synergistisch wirken [s70]. Eine Ernährung, die reich an Vollkornprodukten, grünem Blattgemüse und Hülsenfrüchten ist, kann die Versorgung mit B-Vitaminen sicherstellen.

Kognitive Verbesserung und Darm-Hirn-Achse: Wirkungsdauer

Illustrative Wirkungsdauer und Wirksamkeit verschiedener Nootropika und Darmgesundheitsinterventionen.

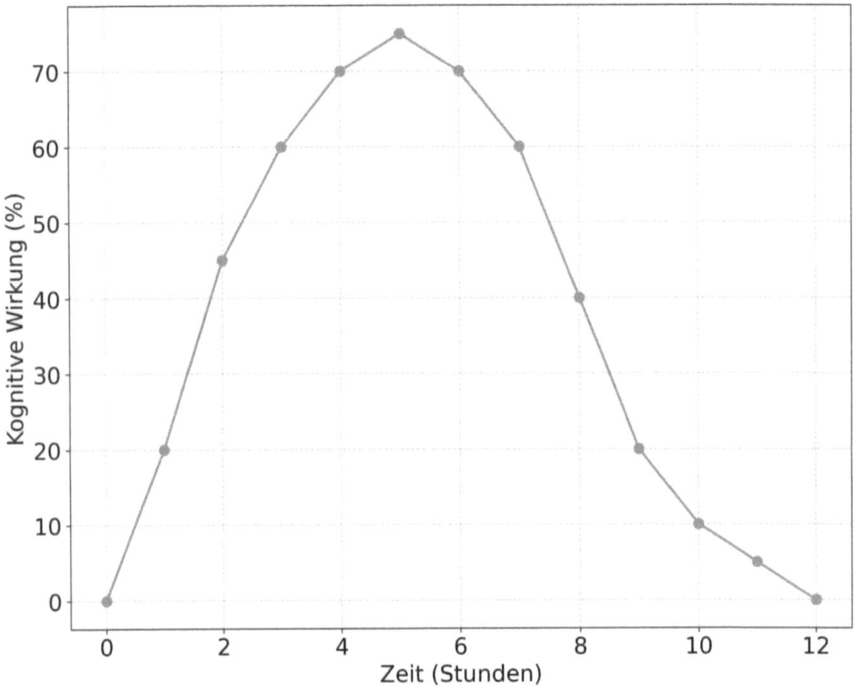

Das Diagramm zeigt hypothetische Daten, die die relative Wirksamkeit und Dauer verschiedener Interventionen darstellen. Einige Interventionen zeigen einen schnellen Wirkungseintritt und kürzere Dauer, während andere einen langsameren Eintritt, aber verlängerte Wirkung aufweisen. Die maximale Wirksamkeit variiert ebenfalls und unterstreicht die Vielfalt der Auswirkungen auf die kognitive Funktion. Diese Visualisierung unterstreicht das komplexe Zusammenspiel zwischen Darm und Gehirn und betont das Potenzial für personalisierte Ansätze zur kognitiven Verbesserung.

Konkrete Ratschläge

- Integrieren Sie täglich eine Portion fermentierte Lebensmittel, um die Darmflora zu unterstützen und die Nährstoffaufnahme im Gehirn zu optimieren.
- Experimentieren Sie mit Gewürzen wie Kurkuma und Ingwer, um die Gehirndurchblutung anzuregen und die Konzentration zu fördern.
- Trinken Sie morgens ein Glas lauwarmes Wasser mit einem Spritzer Zitrone, um die Verdauung zu aktivieren und die Nährstoffbereitstellung für das Gehirn zu verbessern.
- Kombinieren Sie Ihre Mahlzeiten bewusst mit präbiotischen und probiotischen Lebensmitteln für eine optimale Darm-Hirn-Synergie.
- Setzen Sie beim Kochen auf schonende Garmethoden, um die Nährstoffdichte Ihrer Lebensmittel zu erhalten und die Belastung des Verdauungssystems zu minimieren.
- Planen Sie Ihre Mahlzeiten im Voraus, um Heißhungerattacken zu vermeiden und die Blutzuckerwerte stabil zu halten, was die Konzentration fördert.
- Verwenden Sie ballaststoffreiche Pseudogetreide wie Quinoa oder Amaranth als Basis für Ihre Mahlzeiten, um die Darmgesundheit und die Sättigung zu fördern.
- Gönnen Sie sich regelmäßig eine digitale Auszeit, um Stress zu reduzieren und die Darm-Hirn-Kommunikation zu harmonisieren.
- Integrieren Sie Achtsamkeitsübungen in Ihren Alltag, um Ihre Körperwahrnehmung zu schärfen und die Signale von Darm und Gehirn besser zu verstehen.
- Schaffen Sie eine entspannte Atmosphäre während der Mahlzeiten, um die Verdauung zu unterstützen und die Nährstoffaufnahme zu optimieren.

2. 3 Darmgesunde Ernährungsformen

Die Darmgesundheit beeinflusst maßgeblich unser körperliches und mentales Wohlbefinden. Eine unausgewogene Darmflora kann zu Verdauungsproblemen, einem geschwächten Immunsystem und sogar zu psychischen Beschwerden führen. Darmgesunde Ernährungsformen spielen eine Schlüsselrolle für ein funktionierendes Mikrobiom und damit für unsere Gesundheit. Ballaststoffreiche, fermentierte und präbiotische Lebensmittel bieten vielfältige Möglichkeiten, die Darmflora positiv zu beeinflussen. Sie fördern nützliche Darmbakterien und deren Stoffwechselprodukte, die wiederum unsere Gesundheit auf verschiedenen Ebenen unterstützen. Entdecken Sie im Folgenden, wie Sie durch die richtige Auswahl an Lebensmitteln Ihre Darmgesundheit optimieren und so zu mehr Wohlbefinden gelangen.

Für eine optimale Darmgesundheit und positive Effekte auf Gehirn und Körper ist eine abwechslungsreiche Ernährung mit ballaststoffreichen Lebensmitteln, fermentierten Produkten und präbiotischen Nahrungsmitteln entscheidend, um eine vielfältige Darmflora und die Produktion kurzkettiger Fettsäuren zu fördern.

Ballaststoffreiche Kost

Ballaststoffe, unverdauliche Kohlenhydrate aus pflanzlichen Lebensmitteln, beeinflussen die Darmgesundheit maßgeblich durch ihre Wirkung auf die Darmflora (Mikrobiota). Sie dienen als Nahrungsgrundlage für nützliche Darmbakterien, fördern deren Wachstum und Vielfalt und tragen so zu einem ausgewogenen Mikrobiom bei [s71] [s72]. Diese positive Modulation der Darmflora durch Ballaststoffe wirkt sich auch auf die Produktion von kurzkettigen Fettsäuren (SCFAs) aus [s73] [s74]. SCFAs, wie Butyrat, Acetat und Propionat, entstehen bei der bakteriellen Fermentation von Ballaststoffen im Dickdarm und besitzen vielfältige positive Eigenschaften. Sie dienen den Darmzellen als Energiequelle, stärken die Darmbarriere und wirken entzündungshemmend [s73] [s72]. Die Eigenschaften der Ballaststoffe, wie Löslichkeit und Polymerisationsgrad, beeinflussen dabei den Ort ihrer Verstoffwechselung im Darmtrakt und somit auch die Zusammensetzung der Mikrobiota und die produzierten SCFAs [s73]. Eine abwechslungsreiche Ballaststoffzufuhr aus verschiedenen Quellen – Vollkornprodukte, Obst, Gemüse, Hülsenfrüchte, Nüsse und Samen – ist daher empfehlenswert, um die Diversität der Darmflora und die

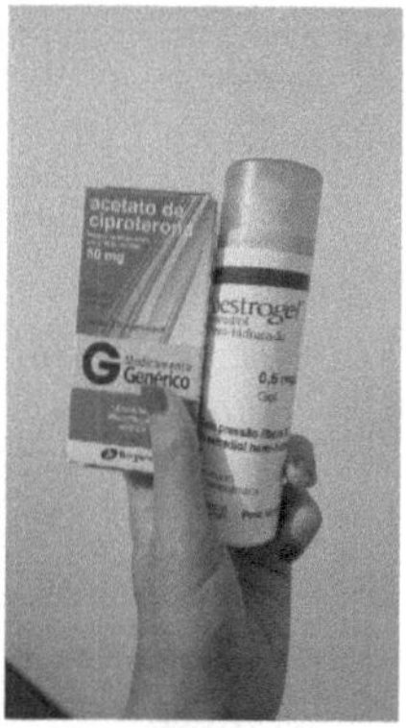

Acetat [i23]

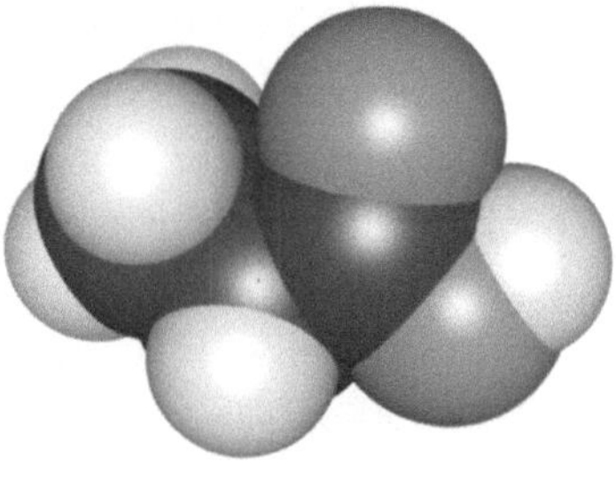

Propionat [i24]

Produktion verschiedener SCFAs zu fördern. Ein Speiseplan mit täglich wechselnden Ballaststoffquellen, etwa Vollkornbrot

zum Frühstück, einem Apfel als Zwischenmahlzeit, Linsen zum Mittagessen und einer Handvoll Nüsse am Abend, kann die Darmgesundheit nachhaltig unterstützen. Die westliche Ernährungsweise, die oft arm an Ballaststoffen ist, wird mit einer verringerten mikrobiellen Vielfalt und einem erhöhten Risiko für chronische Erkrankungen in Verbindung gebracht [s74]. Im Gegensatz dazu fördert eine ballaststoffreiche, pflanzenbasierte Ernährung – ähnlich der mediterranen Diät – eine gesunde Mikrobiota-Zusammensetzung und wirkt sich positiv auf die Darmgesundheit, sowie auf die psychische Gesundheit aus [s73] [s75] [s76]. Neben der positiven Wirkung auf die Verdauung und das Immunsystem, deuten Studien auf einen Zusammenhang zwischen einer hohen Ballaststoffaufnahme und einer verbesserten kognitiven Funktion sowie einem geringeren Depressionsrisiko hin [s71]. Die Mechanismen dieser Gehirn-Darm-Verbindung werden noch erforscht, jedoch wird vermutet, dass SCFAs eine wichtige Rolle bei der Kommunikation zwischen Darm und Gehirn spielen, indem sie die Blut-Hirn-Schranke positiv beeinflussen und Entzündungen reduzieren [s73] [s71].

Gut zu wissen

Fermentation

Fermentation ist der Prozess, bei dem Darmbakterien Ballaststoffe abbauen und dabei kurzkettige Fettsäuren produzieren. Dieser Prozess ist wichtig für die Darmgesundheit und die Gehirn-Darm-Verbindung.

Mikrobiota

Die Mikrobiota, auch Darmflora genannt, spielt eine entscheidende Rolle für die Darmgesundheit und beeinflusst die Gehirn-Darm-Verbindung. Eine ausgewogene Mikrobiota kann die Stimmung, das Verhalten und kognitive Funktionen positiv beeinflussen.

Polymerisationsgrad

Der Polymerisationsgrad von Ballaststoffen beeinflusst, wie sie im Darm verstoffwechselt werden und welche Arten von kurzkettigen Fettsäuren produziert werden. Dies hat Auswirkungen auf die Darmgesundheit und die Gehirn-Darm-Verbindung.

Ballaststoffgehalt in gängigen Lebensmitteln

Unterstützung einer gesunden Darmflora

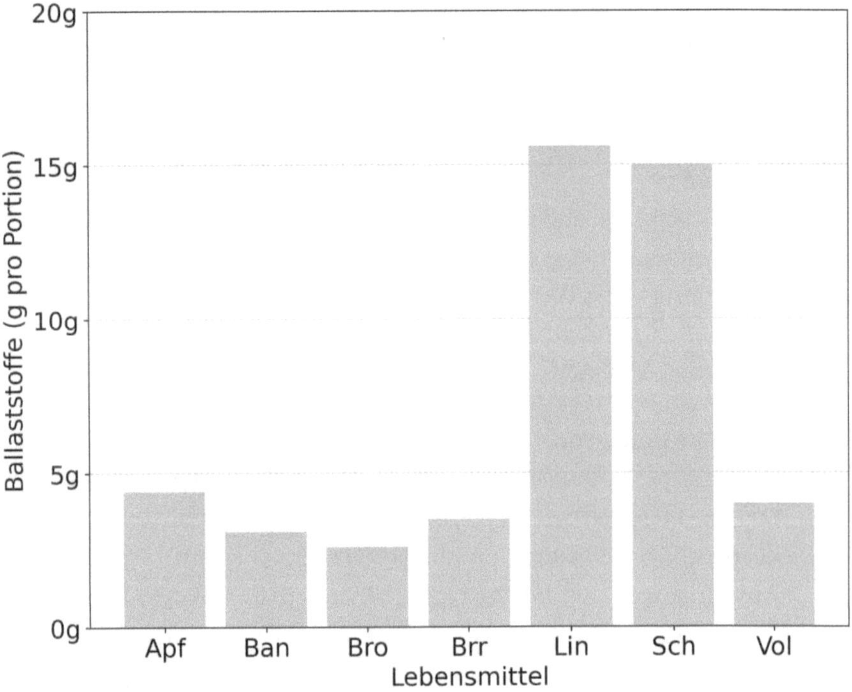

Apf: Apfel (mittel)

Ban: Banane (mittel)

Bro: Brokkoli (gekocht)

Brr: Brauner Reis (gekocht)

Lin: Linsen (gekocht)

Sch: Schwarze Bohnen (gekocht)

Vol: Vollkornhaferflocken (gekocht)

Diese Grafik zeigt die deutlichen Unterschiede im Ballaststoffgehalt verschiedener Lebensmittelgruppen. Hülsenfrüchte und Vollkornprodukte stechen deutlich hervor und bieten wesentlich mehr Ballaststoffe pro Portion als Obst oder Gemüse. Die Wahl ballaststoffreicher Optionen aus diesen Kategorien kann wesentlich zu einer gesunden Darmflora beitragen und möglicherweise die Gehirngesundheit durch die Darm-Hirn-Achse verbessern.

Fermentierte Lebensmittel

Kefir [i25]

Kimchi [i26]

Durch fermentation, die mikrobielle Umwandlung von Lebensmitteln, entstehen Produkte mit einzigartigem Geschmacksprofil und potenziell gesundheitsfördernden Eigenschaften. Die mikrobielle Aktivität während der Fermentation erzeugt nicht nur charakteristische Aromen und Texturen, sondern auch bioaktive Substanzen, die die Darmgesundheit beeinflussen können [s77]. Fermentierte Lebensmittel liefern dem Darm lebende Mikroorganismen, unter anderem Milchsäurebakterien und Hefen, die das bestehende Mikrobiom ergänzen und so die mikrobielle Vielfalt im Darmtrakt fördern können [s78] [s77]. Diese lebenden Kulturen können, ähnlich wie bei der Ballaststoffverwertung, die Produktion von kurzkettigen Fettsäuren (SCFAs) anregen [s79]. SCFAs, wie Acetat, Propionat und Butyrat, dienen nicht nur den Darmzellen als Energiequelle, sondern beeinflussen auch Stoffwechselprozesse und Immunfunktionen. Fermentierte Lebensmittel bieten somit eine zusätzliche Möglichkeit, die SCFA-Produktion anzuregen und von deren positiven Effekten zu profitieren. Ein regelmäßiger Verzehr von fermentierten Lebensmitteln, wie Sauerkraut, Kimchi oder Joghurt, kann daher einen wertvollen Beitrag zu einer darmgesunden Ernährung leisten [s80]. Neben den Effekten auf die

Darmflora können fermentierte Lebensmittel auch positive

Auswirkungen auf den Stoffwechsel haben, insbesondere bei Risikogruppen [s81]. So kann der regelmäßige Konsum fermentierter Produkte metabolische Parameter, wie den Blutzucker, günstig beeinflussen, was besonders für Personen mit einem erhöhten Risiko für Stoffwechselerkrankungen relevant sein kann. Die Integration von fermentierten Lebensmitteln in den täglichen Speiseplan, etwa durch ein Glas Kefir zum Frühstück oder einen Salat mit Kimchi, kann somit eine einfache und schmackhafte Strategie zur Unterstützung der Darmgesundheit und des Stoffwechsels darstellen.

Sauerkraut [i27]

Häufige fermentierte Lebensmittel

Anteil des Verzehrs fermentierter Lebensmittel in Bezug auf die Darmgesundheit.

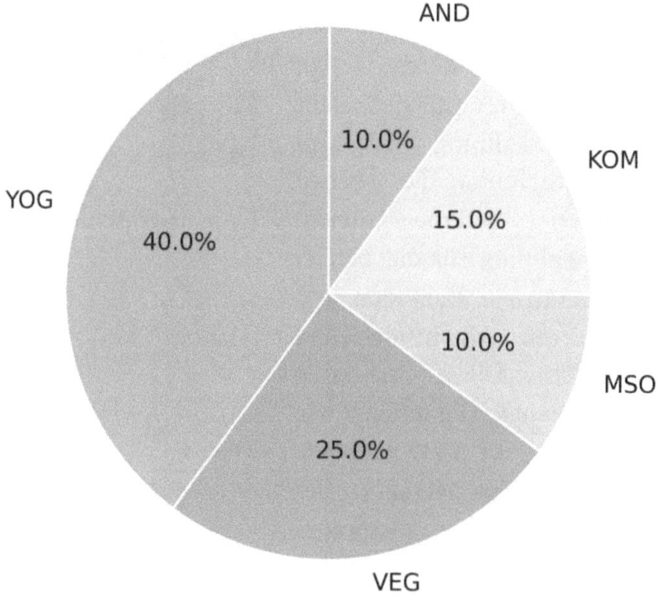

AND: Andere (Gewürzgurken, Natto, etc.) KOM: Kombucha

MSO: Miso und Tempeh VEG: Fermentiertes Gemüse (Kimchi, Sauerkraut)

YOG: Joghurt und Kefir

Diese Grafik zeigt die Vielfalt der verfügbaren fermentierten Lebensmittel und deutet darauf hin, dass eine ausgewogene Aufnahme über verschiedene Kategorien hinweg zu einem vielfältigen Darmmikrobiom beitragen könnte. Die Dominanz von Joghurt und Kefir zeigt deren Beliebtheit und möglichen Einfluss auf die Darmgesundheit, während die kleineren Anteile anderer Lebensmittel auf Möglichkeiten hinweisen, die Aufnahme fermentierter Lebensmittel für umfassendere Vorteile zu diversifizieren.

Präbiotische Nahrungsmittel

Fermentation [i28]

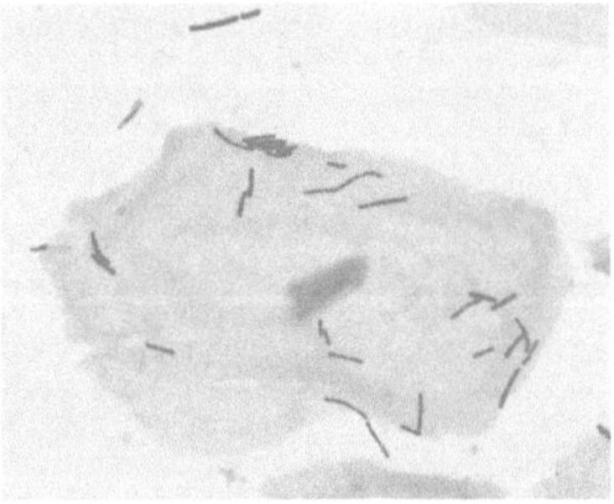

Laktobazillen [i29]

Präbiotika, unverdauliche Nahrungsbestandteile, die das Wachstum oder die Aktivität nützlicher Bakterien im Darmtrakt selektiv stimulieren, stellen eine weitere wichtige Säule einer darmgesunden Ernährung dar. Im Gegensatz zu Probiotika, die lebende Mikroorganismen liefern, dienen Präbiotika als Nahrung für die bereits im Darm vorhandenen Bakterien und fördern so deren Wachstum und Aktivität [s82]. Diese selektive Förderung nützlicher Bakterien, wie Bifidobakterien und Laktobazillen, kann zu einer Verschiebung der Zusammensetzung der Darmflora zugunsten dieser gesundheitsfördernden Bakterien führen. Durch die fermentation von Präbiotika im Dickdarm entstehen, ähnlich wie bei der Verwertung von Ballaststoffen, kurzkettige Fettsäuren (SCFAs), welche vielfältige positive Effekte auf den Darm und den gesamten Organismus haben [s82]. Präbiotika finden sich in einer Reihe von pflanzlichen Lebensmitteln, darunter Zwiebeln, Knoblauch, Lauch, Spargel, Bananen und Topinambur. Ein regelmäßiger Verzehr dieser Lebensmittel kann die Darmgesundheit positiv beeinflussen und das Wachstum nützlicher Bakterien fördern. So kann beispielsweise der tägliche Verzehr einer Banane oder das Hinzufügen von Zwiebeln und Knoblauch zu den Mahlzeiten eine einfache Möglichkeit darstellen, die präbiotische Zufuhr zu erhöhen und die Darmflora zu unterstützen. Die Forschung unterstreicht die Bedeutung einer diversen mikrobiota für die Gesundheit und präbiotische Lebensmittel tragen maßgeblich zu dieser Vielfalt bei [s82]. Studien zeigen, dass eine ballaststoffreiche Ernährung, die reich an Präbiotika ist, die Produktion von SCFAs steigern kann, was wiederum positive Auswirkungen auf den Appetit und das Sättigungsgefühl hat [s82]. Diese Erkenntnisse unterstreichen die Bedeutung präbiotischer Lebensmittel für die Darmgesundheit und das allgemeine Wohlbefinden. Die frühkindliche Ernährung spielt ebenfalls eine entscheidende Rolle bei der Entwicklung der Darmflora und die Stillzeit ist besonders wichtig für die Etablierung einer gesunden Mikrobiota [s83]. Diese frühkindliche Prägung der Darmflora kann langfristige Auswirkungen auf die Gesundheit haben und sogar das Risiko für spätere Erkrankungen, wie Adipositas, beeinflussen [s83]. Die gezielte Auswahl präbiotischer Lebensmittel kann somit nicht nur die Darmgesundheit im Erwachsenenalter fördern, sondern auch einen wichtigen Beitrag zur gesunden Entwicklung der Darmflora bei Kindern leisten. Eine Ernährung, die arm an Ballaststoffen und Präbiotika ist, kann dagegen die Zusammensetzung der Darmflora negativ beeinflussen und die Anfälligkeit für verschiedene Gesundheitsprobleme erhöhen [s82]. Die Integration präbiotischer Lebensmittel in den täglichen Speiseplan ist daher eine wichtige Strategie zur Förderung einer gesunden Darmflora und zur Unterstützung des allgemeinen Wohlbefindens.

Präbiotische Lebensmittelkategorien

Anteil präbiotischer Lebensmittelarten.

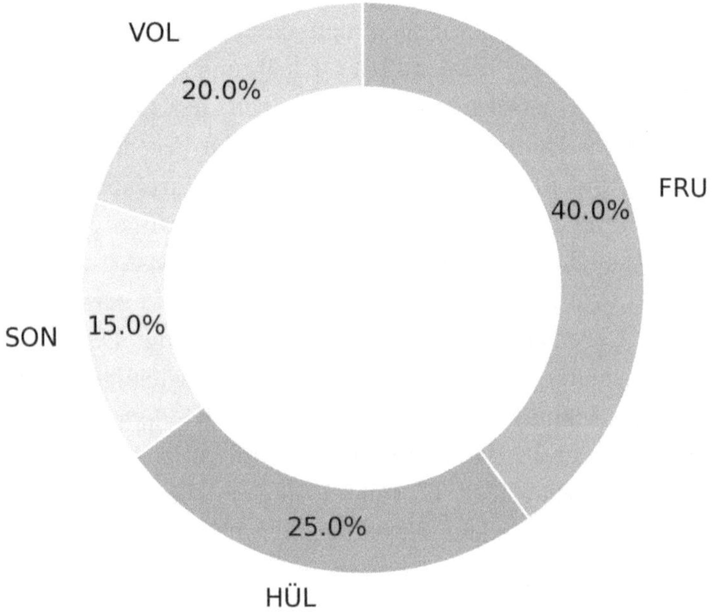

FRU: Obst und Gemüse
HÜL: Hülsenfrüchte
SON: Sonstiges (Nüsse, Samen, etc.)
VOL: Vollkornprodukte

Während alle diese Lebensmittelkategorien zur Darmgesundheit beitragen, unterstreicht der Schwerpunkt auf Obst und Gemüse deren Bedeutung in einer präbiotikareichen Ernährung. Hülsenfrüchte und Vollkornprodukte spielen ebenfalls eine wichtige Rolle und bieten vielfältige Ballaststoffquellen. Der geringere Anteil anderer Quellen verdeutlicht die Notwendigkeit, diese für eine ausgewogene Präbiotika-Aufnahme einzubeziehen, insbesondere für Menschen, die ihr Darmmikrobiom optimieren möchten.

Konkrete Ratschläge

- Verfeinern Sie Ihren Geschmackssinn für die Vielfalt fermentierter Lebensmittel: Probieren Sie neben Sauerkraut auch Wasserkefir, Miso oder Tempeh.
- Nutzen Sie die Kraft der Kräuter: Trinken Sie täglich eine Tasse Kamillentee oder Fencheltee, um Ihre Darmflora zu beruhigen und die Verdauung zu unterstützen.
- Bereiten Sie Ihre Mahlzeiten mit saisonalem Gemüse zu, um von der natürlichen Vielfalt an Nährstoffen und Ballaststoffen zu profitieren.
- Entdecken Sie die Welt der Hülsenfrüchte neu: Experimentieren Sie mit verschiedenen Sorten wie Belugalinsen, Adzukibohnen oder Kidneybohnen und integrieren Sie sie regelmäßig in Suppen, Eintöpfe oder Salate.
- Steigern Sie Ihren Ballaststoffkonsum schrittweise, um Ihrem Darm Zeit zur Anpassung zu geben und Blähungen zu vermeiden.
- Tauschen Sie raffinierte Getreideprodukte gegen Vollkornvarianten aus, um die Ballaststoffzufuhr zu erhöhen und die Darmgesundheit zu fördern.
- Bereichern Sie Ihr Frühstück mit einem selbstgemachten Porridge aus Haferflocken, Nüssen, Samen und Früchten – ein kraftvoller Start für Ihren Darm und Ihr Gehirn.
- Essen Sie ballaststoffreiche Lebensmittel am besten zusammen mit einer ausreichenden Menge Flüssigkeit, um die Verdauung zu erleichtern.
- Kultivieren Sie Ihre eigene kleine "Bakterienfarm": Legen Sie sich ein Sauerkrautglas an und beobachten Sie die faszinierende Welt der Fermentation.

Rückblick - 2. Ernährung für Gehirn und Darm

Die Gesundheit von Gehirn und Darm ist eng miteinander verknüpft. Eine ausgewogene Ernährung spielt dabei eine Schlüsselrolle, indem sie sowohl die Darmflora als auch die kognitiven Funktionen positiv beeinflusst. Um diese Verbindung optimal zu nutzen, sollten Sie gezielt Lebensmittel auswählen, die reich an präbiotischen Ballaststoffen, entzündungshemmenden sekundären Pflanzenstoffen und essentiellen Omega-3-Fettsäuren sind. Diese Nährstoffe bilden die Grundlage für ein gesundes Darmmikrobiom, das wiederum die Produktion von kurzkettigen Fettsäuren (SCFAs) wie Butyrat, Acetat und Propionat anregt. SCFAs stärken nicht nur die Darmbarriere und wirken Entzündungen entgegen, sondern beeinflussen auch die Kommunikation zwischen Darm und Gehirn, indem sie die Blut-Hirn-Schranke positiv modulieren und die Synthese von Neurotransmittern unterstützen.

Integrieren Sie daher täglich eine Vielfalt ballaststoffreicher Lebensmittel in Ihren Speiseplan. Vollkornprodukte, Hülsenfrüchte, Obst, Gemüse, Nüsse und Samen liefern nicht nur wertvolle Ballaststoffe, sondern auch eine breite Palette an sekundären Pflanzenstoffen mit antioxidativen und entzündungshemmenden Eigenschaften. Achten Sie besonders auf die Auswahl verschiedener Obst- und Gemüsesorten, um von den unterschiedlichen Phytochemikalien zu profitieren. Brokkoli, Beeren, Kurkuma und Ingwer sind nur einige Beispiele für Lebensmittel mit hohem Gehalt an bioaktiven Substanzen, die Ihre Darm- und Gehirngesundheit unterstützen können. Ergänzen Sie Ihre Ernährung durch Omega-3-Fettsäuren, die Sie in fettreichen Fischen wie Lachs und Makrele, aber auch in pflanzlichen Quellen wie Leinsamen und Chiasamen finden. Beachten Sie dabei das Verhältnis von Omega-6- zu Omega-3-Fettsäuren und versuchen Sie, ein ausgewogenes Verhältnis zu erreichen.

Um die Vielfalt Ihres Darmmikrobioms weiter zu fördern, sollten Sie regelmäßig fermentierte Lebensmittel in Ihre Ernährung einbauen. Joghurt, Kefir, Sauerkraut und Kimchi liefern lebende Mikroorganismen, die Ihre Darmflora bereichern und die SCFA-Produktion zusätzlich anregen. Achten Sie bei der Auswahl fermentierter Produkte auf Qualität und Natriumgehalt. Beginnen Sie mit kleinen Mengen und steigern Sie die Portionsgröße langsam, um Ihrem Darm Zeit zur Anpassung zu geben. Sollten Sie unter Verdauungsbeschwerden leiden, konsultieren Sie Ihren Arzt oder Ernährungsberater, bevor Sie größere Mengen an Ballaststoffen oder fermentierten Lebensmitteln in Ihren Speiseplan aufnehmen.

Die Umsetzung einer darm- und hirngesunden Ernährung erfordert Zeit und Geduld. Beginnen Sie mit kleinen Veränderungen und konzentrieren Sie sich auf die Integration neuer Lebensmittel in Ihren gewohnten Speiseplan. Experimentieren Sie mit verschiedenen Rezepten und finden Sie heraus, welche darmfreundlichen Lebensmittel Ihnen am besten schmecken. Achten Sie auf Ihre Körpersignale und passen Sie Ihre Ernährung gegebenenfalls an. Mit einer bewussten und ausgewogenen Ernährung können Sie die Gesundheit Ihres Darms und Gehirns nachhaltig fördern und so Ihr allgemeines Wohlbefinden steigern. Investieren Sie in Ihre Gesundheit – Ihr Darm und Ihr Gehirn werden es Ihnen danken!

3. Darmsanierung und Mikrobiompflege

Wussten Sie, dass in unserem Darm mehr Mikroorganismen leben als unser Körper Zellen hat? Diese winzige Welt beeinflusst nicht nur unsere Verdauung, sondern auch unser Wohlbefinden und unsere mentale Gesundheit. Der moderne Lebensstil mit Stress, Fertigprodukten und häufigen Antibiotika-Behandlungen stellt diese sensible Balance zunehmend auf die Probe. Eine gesunde Darmflora aufzubauen gleicht der Pflege eines komplexen Ökosystems, das Geduld und Verständnis erfordert. In diesem Kapitel entdecken Sie, wie Sie Ihr persönliches Darm-Ökosystem wieder ins Gleichgewicht bringen können.

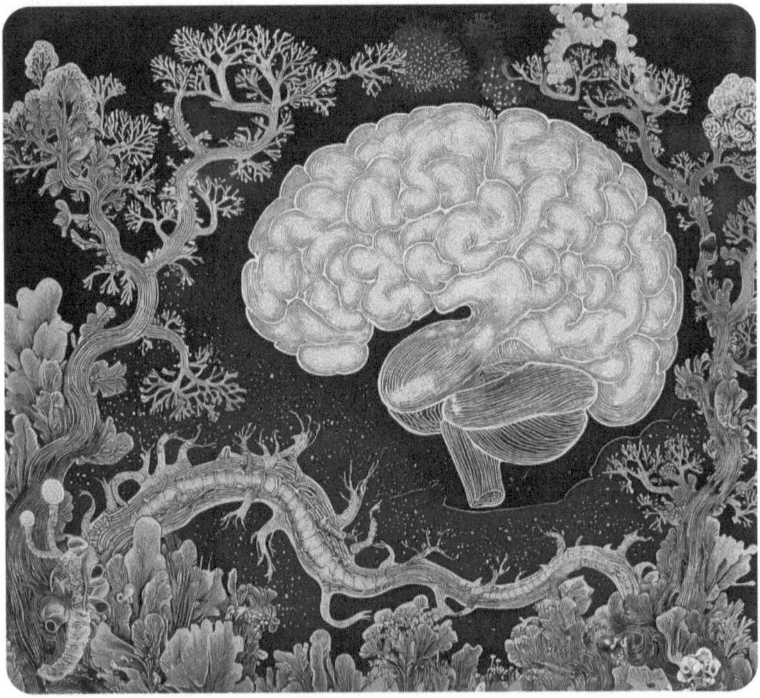

3. 1 Aufbau der Darmgesundheit

Die Gesundheit unseres Darms beeinflusst weit mehr als nur die Verdauung. Sie spielt eine entscheidende Rolle für unser Immunsystem, unsere Stimmung und sogar unser kognitives Vermögen. Nährstoffversorgung der Darmzellen, Schleimhautregeneration und Bakterienbalance – diese drei Säulen einer intakten Darmflora sind eng miteinander verknüpft und entscheiden über unser Wohlbefinden. Doch verschiedene Faktoren können dieses empfindliche Gleichgewicht stören und weitreichende Folgen haben. Lesen Sie weiter und entdecken Sie, wie Sie die Gesundheit Ihres Darms gezielt aufbauen und stärken können.

Eine gesunde Darmflora ist nicht nur Ergebnis, sondern auch Grundlage für körperliches und seelisches Wohlbefinden und beeinflusst sowohl die Nährstoffversorgung der Darmzellen als auch die Schleimhautregeneration.

Nährstoffversorgung der Darmzellen

Die Nährstoffversorgung der Darmzellen ist ein komplexer Prozess, der eng mit der Zusammensetzung und Funktion der Darmmikrobiota verknüpft ist [s84] [s85]. Die residenten Bakterien übernehmen vielfältige Stoffwechselfunktionen, die der Mensch selbst nicht oder nur begrenzt ausführen kann. So produzieren Darmbakterien beispielsweise eine Reihe von Vitaminen, synthetisieren essenzielle und nicht-essenzielle Aminosäuren und führen die Biotransformation von Gallensäuren durch [s85]. Ein wichtiger Aspekt der Nährstoffversorgung ist die Metabolisierung von nicht verdaulichen Kohlenhydraten durch die Mikrobiota. Diese Kohlenhydrate, zu vergleichen mit den Ballaststoffen in unserer Nahrung, dienen den Bakterien als Energiequelle und liefern gleichzeitig Nährstoffe für ihr Wachstum und ihre Vermehrung. Dabei entstehen kurzkettige Fettsäuren (SCFAs), die nicht nur die Bakterien selbst, sondern auch die Zellen der Darmwand ernähren [s84] [s85]. Butyrat, eine dieser SCFAs, dient den Zellen der Darmschleimhaut (Kolonozyten) als primäre Energiequelle und fördert deren Proliferation [s86]. Die Mikrobiota stellt dem Wirt auch Vitamine zur Verfügung, die er nicht selbst herstellen kann, wie Vitamin B12 und Folsäure [s86]. Die Auswahl der Lebensmittel beeinflusst diesen Prozess direkt: Eine Ernährung, die reich an sogenannten "mikrobiota-zugänglichen Kohlenhydraten" (MACs) ist, fördert das Wachstum und die Aktivität nützlicher Bakterien und optimiert so die Nährstoffversorgung der Darmzellen [s86]. Auch die in Kaffee enthaltenen Melanoidine, die während des Röstprozesses entstehen, besitzen antioxidative, antimikrobielle und entzündungshemmende Eigenschaften und tragen so indirekt zur Darmgesundheit bei, indem sie ein günstiges Milieu für die Mikrobiota schaffen [s87]. Die positive Wirkung von Kaffee auf die Darmmotilität kann ebenfalls die Nährstoffaufnahme begünstigen [s87]. Um die Nährstoffversorgung der Darmzellen zu unterstützen, ist eine ballaststoffreiche Ernährung empfehlenswert. Vollkornprodukte, Obst, Gemüse und Hülsenfrüchte liefern MACs und fördern so die

Bildung von SCFAs und anderen nützlichen metaboliten durch die Darmbakterien.

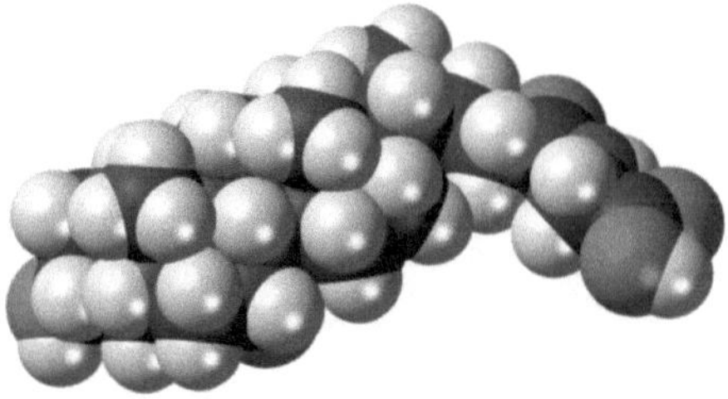

Gallensäure [i30]

Gut zu wissen

Metabolisierung

Die Umwandlung von Stoffen im Körper, die durch Enzyme katalysiert wird. Die Metabolisierung von Nährstoffen durch die Darmmikrobiota beeinflusst die Signalübertragung zum Gehirn.

Darmmikrobiota

Die Gesamtheit aller Mikroorganismen, die den Darm besiedeln, spielt eine entscheidende Rolle für die Nährstoffversorgung der Darmzellen und beeinflusst die Kommunikation zwischen Darm und Gehirn.

Darmmotilität

Die Bewegung des Darms, die den Transport des Darminhalts reguliert. Die Darmmotilität wird durch das Nervensystem gesteuert und kann die Darm-Hirn-Kommunikation beeinflussen.

Nährstoffbedarf der Darmzellen

Wichtige Nährstoffe für gesunde Darmzellen

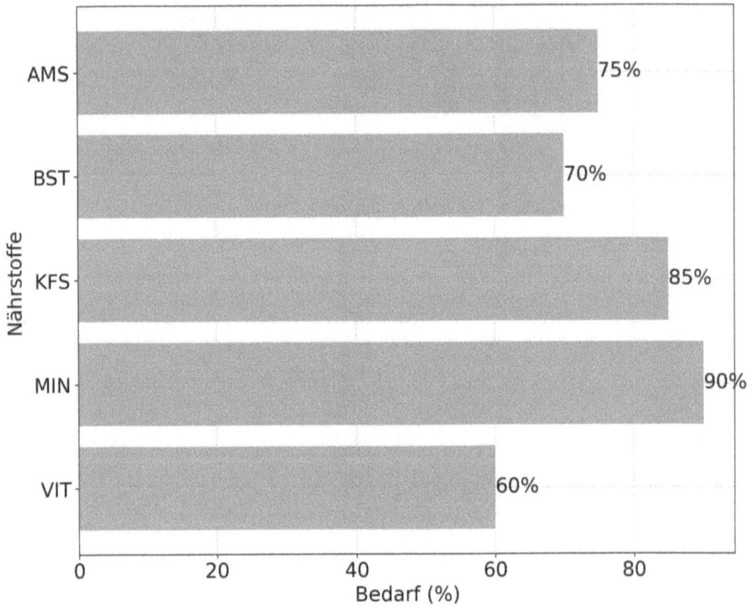

AMS: Aminosäuren

BST: Ballaststoffe

KFS: Kurzkettige Fettsäuren

MIN: Mineralstoffe (Zn, Mg)

VIT: Vitamine (D, B, etc.)

Das Balkendiagramm visualisiert den Bedarf verschiedener Nährstoffe für die Darmgesundheit. Eine ausreichende Versorgung mit Ballaststoffen ist essenziell, ebenso wie die Zufuhr von kurzkettigen Fettsäuren. Vitamine und Mineralstoffe spielen ebenfalls eine wichtige Rolle, wobei Vitamin D und Zink besonders hervorgehoben werden. Aminosäuren sind wichtig für den Zellaufbau und -erhalt. Die Daten unterstreichen die Bedeutung einer ausgewogenen Ernährung für eine optimale Darmgesundheit und damit auch für die Gehirn-Darm-Verbindung.

Schleimhautregeneration

Die Darmschleimhaut, die innere Auskleidung des Darms, erneuert sich ständig und ist damit ein dynamisches Gewebe, das für die Gesundheit des gesamten Organismus relevant ist [s88]. Diese Regeneration wird maßgeblich von der Interaktion mit der darmflora, der Gesamtheit der im Darm lebenden Mikroorganismen, beeinflusst [s89]. Eine ausgewogene und vielfältige mikrobiota unterstützt die Epithelzellen, die Bausteine der Schleimhaut und fördert die Produktion von antimikrobiellen Peptiden, die Krankheitserreger abwehren [s89]. Gleichzeitig stärkt eine intakte Schleimhautbarriere die Abwehrkräfte, indem sie das Eindringen schädlicher Substanzen und Bakterien ins Körperinnere verhindert [s88]. Umgekehrt kann eine Störung dieses Gleichgewichts, eine sogenannte Dysbiose, die Schleimhautintegrität beeinträchtigen und Entzündungen begünstigen [s88]. Eine Dysbiose entsteht unter anderem durch eine unausgewogene Ernährung, Stress oder die Einnahme von Medikamenten, insbesondere Antibiotika. Werden die Tight Junctions, die Verbindungsproteine zwischen den Epithelzellen, durch eine Dysbiose geschwächt, kann dies die Barrierefunktion der Schleimhaut beeinträchtigen und zu einer erhöhten Durchlässigkeit führen [s90]. Dadurch können Bakterien und deren Stoffwechselprodukte leichter in den Blutkreislauf gelangen und systemische Entzündungen auslösen [s90]. Um die Schleimhautregeneration zu fördern und die Darmbarriere zu stärken, empfiehlt sich daher eine Ernährung, die reich an präbiotischen Ballaststoffen ist. Inulin, das beispielsweise in Topinambur oder Chicorée vorkommt, dient den nützlichen Darmbakterien als Nahrung und unterstützt so indirekt die Schleimhautgesundheit. Regelmäßige Bewegung kann ebenfalls einen positiven Einfluss auf die Zusammensetzung und Vielfalt der Darmflora haben und somit die Regeneration der Darmschleimhaut unterstützen [s88].

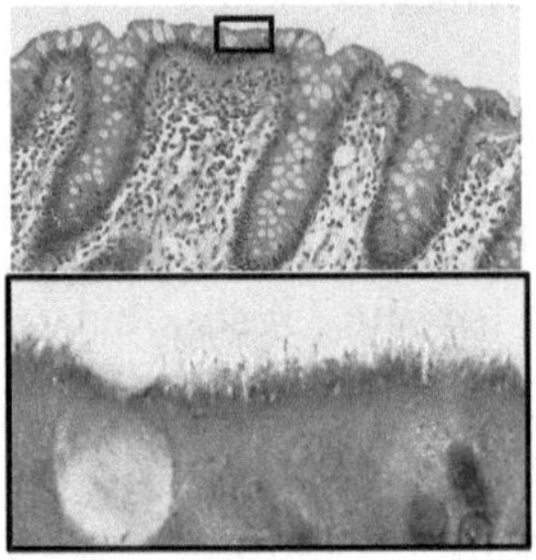

Darmschleimhaut [i31]

Gut zu wissen

Antimikrobielle Peptide

Antimikrobielle Peptide sind Teil des angeborenen Immunsystems und werden von den Epithelzellen im Darm produziert. Sie schützen die Darmschleimhaut vor schädlichen Bakterien und tragen zur Darmgesundheit bei, die wiederum die Gehirn-Darm-Kommunikation beeinflusst.

Inulin

Inulin ist ein präbiotischer Ballaststoff, der das Wachstum nützlicher Bakterien im Darm fördert. Eine gesunde Darmflora unterstützt die Darmbarriere und kann die Signalübertragung zum Gehirn positiv beeinflussen.

Systemische Entzündungen

Systemische Entzündungen, die durch eine gestörte Darmbarriere entstehen können, beeinflussen den gesamten Körper, einschließlich des Gehirns. Sie können zu neurologischen Erkrankungen und psychischen Problemen beitragen.

Mukosale Regenerationsfortschritte

Veranschaulicht die hypothetische Regeneration der Mukosaauskleidung im Zeitverlauf.

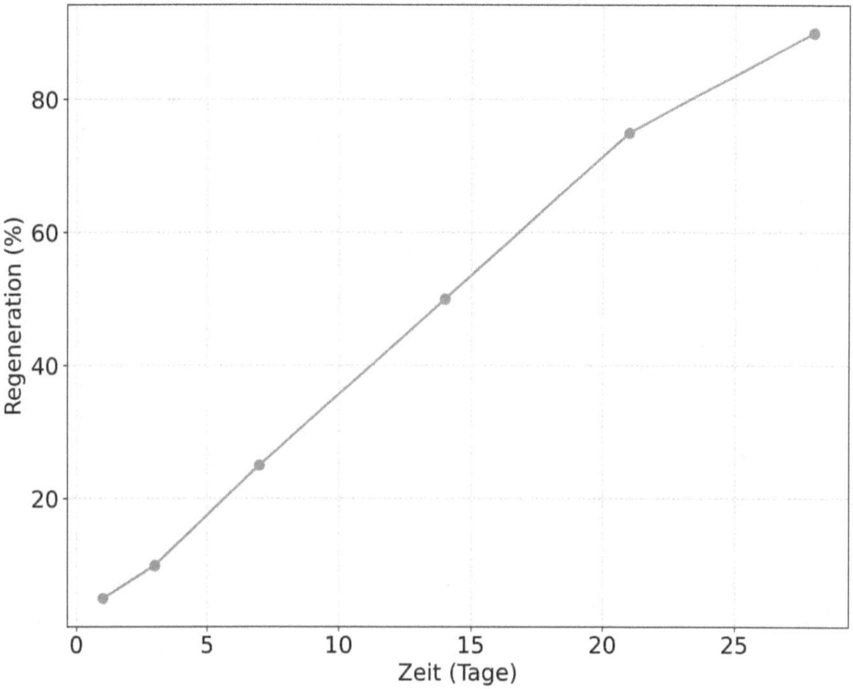

Diese Grafik zeigt einen positiven Trend bei der Regeneration der Darmmukosa. Die Anfangsphase zeigt eine langsamere Erholung, die wahrscheinlich die Entzündungsphase darstellt. Der anschließende Anstieg der Werte deutet auf eine beschleunigte Heilung und verbesserte Darmbarrierefunktion hin, was möglicherweise positive Auswirkungen auf die Darm-Hirn-Verbindung hat.

Bakterienbalance

Das Zusammenspiel der Mikroorganismen im Darm, die sogenannte Bakterienbalance, beeinflusst unser Wohlbefinden und unsere Gesundheit. Eine dysbiose, eine Störung dieses Gleichgewichts, kann verschiedene negative Folgen haben [s91]. So kann eine unausgewogene Zusammensetzung der Darmbakterien den Stoffwechsel, die Stressreaktion und sogar die Stimmung beeinflussen [s91]. Auch das Essverhalten kann durch die Darmflora moduliert werden, da Bakterien Moleküle produzieren, die mit Hormonen interagieren, welche den Appetit regulieren [s91]. Eine Ernährung, die reich an gesättigten Fettsäuren und verarbeiteten Lebensmitteln ist – die sogenannte westliche Ernährung –, fördert eine ungünstige Bakterienbalance [s91]. Unter anderem kann dies zu einer verringerten Diversität der Darmbakterien führen, wodurch sich potenziell krankheitsverursachende Bakterien leichter ausbreiten können [s92]. Umgekehrt können auch psychische Belastungen wie Stress und Depressionen die Zusammensetzung der Darmflora verändern und so eine Dysbiose begünstigen [s91]. probiotika, also lebende Mikroorganismen mit gesundheitsfördernden Eigenschaften, können dazu beitragen, die negativen Auswirkungen von Stress und Depressionen auf die darmmikrobiota abzuschwächen und die mikrobielle Vielfalt zu erhöhen [s92] [s91]. Ein ausgewogenes Verhältnis der Darmbakterien ist also nicht nur Folge, sondern auch Voraussetzung für körperliches und seelisches Wohlbefinden. Eine Ernährungsumstellung – weg von stark verarbeiteten Lebensmitteln, hin zu einer vollwertigen, ballaststoffreichen Kost – unterstützt die Entwicklung einer vielfältigen Darmflora. Ballaststoffe dienen als Nahrung für nützliche Bakterien und fördern so deren Wachstum.

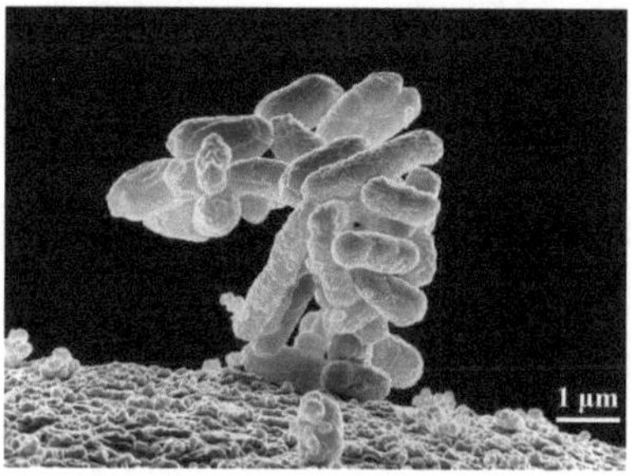

Mikroorganismen [i32]

Gut zu wissen

Bakterienbalance

Die Bakterienbalance im Darm ist entscheidend für die Gesundheit des Verdauungssystems und beeinflusst die Signalübertragung zum Gehirn. Ein Ungleichgewicht kann zu Entzündungen und anderen Problemen führen, die sich auf die Gehirnfunktion auswirken.

Mikroorganismen

Mikroorganismen, insbesondere Bakterien, im Darm spielen eine entscheidende Rolle für die Darmgesundheit und die Gehirn-Darm-Verbindung. Sie produzieren Neurotransmitter und andere Signalmoleküle, die das Gehirn beeinflussen können.

Ballaststoffe

Ballaststoffe sind unverdauliche Nahrungsbestandteile, die als Nahrung für die nützlichen Bakterien im Darm dienen und somit die Darmgesundheit und die Bakterienbalance fördern. Sie tragen zur gesunden Funktion der Gehirn-Darm-Achse bei.

Konkrete Ratschläge

- Verbinden Sie die tägliche Flüssigkeitszufuhr mit Ihrer Darmpflege, indem Sie Ingwerwasser mit einem Spritzer Zitrone trinken.
- Entwickeln Sie ein Ritual, bei dem Sie sich vor jeder Mahlzeit bewusst auf die kommenden Speisen und deren positiven Effekt auf Ihren Darm konzentrieren.
- Nutzen Sie die Synergieeffekte von Lebensmitteln: Kombinieren Sie beispielsweise Leinsamen mit Joghurt oder Topinambur mit Kartoffeln.
- Verwöhnen Sie Ihren Darm mit selbstgemachtem Knochenbrühe, die reich an Gelatine ist und die Schleimhaut stärkt.
- Erweitern Sie Ihr kulinarisches Repertoire mit Gemüsesorten, die Sie bisher noch nicht kennen, wie Pastinaken oder Schwarzwurzeln.
- Integrieren Sie Flohsamenschalen in Ihre Ernährung, indem Sie sie beispielsweise in Smoothies oder Joghurt einrühren.
- Experimentieren Sie mit verschiedenen Zubereitungsarten von Gemüse: Dämpfen, dünsten oder blanchieren Sie es, um die Nährstoffe bestmöglich zu erhalten.
- Gönnen Sie sich ab und zu eine kleine Portion dunkler Schokolade mit hohem Kakaoanteil, die positive Auswirkungen auf die Darmflora haben kann.
- Stellen Sie Ihre eigene Gemüsebrühe her und frieren Sie sie portionsweise ein, um jederzeit eine darmfreundliche Basis für Suppen und Soßen zur Hand zu haben.
- Setzen Sie auf die Vielfalt der Natur: Sammeln Sie essbare Wildkräuter wie Brennnessel oder Löwenzahn und integrieren Sie sie in Ihre Ernährung.

3. 2 Probiotische Unterstützung

Ein gesundes Darmmikrobiom ist essentiell für das Wohlbefinden und beeinflusst nachhaltig die Darm-Gehirn-Verbindung. Probiotische Unterstützung kann dazu beitragen, dieses komplexe Ökosystem zu regulieren und zu stärken. Doch die Auswahl, Dosierung und Kombination der verschiedenen Bakterienstämme und Präbiotika sind entscheidend für den Erfolg. Dieses Kapitel beleuchtet die vielfältigen Wirkmechanismen von Probiotika im Verdauungstrakt und gibt Ihnen das nötige Wissen für eine gezielte Mikrobiompflege an die Hand.

Eine Kombination aus probiotischen Lebensmitteln und gezielter Nahrungsergänzung mit Probiotika ist oft sinnvoll, um die Darmgesundheit optimal zu unterstützen.

Einnahmeempfehlungen

Die Einnahme von Probiotika zur Unterstützung der Darm-Gehirn-Verbindung erfordert eine differenzierte Betrachtung verschiedener Faktoren. Studien zeigen, dass die Dosierung und Dauer der Einnahme je nach Anwendungsgebiet und den spezifischen Bakterienstämmen variieren [s93]. So wurden in Studien zur kognitiven Verbesserung Einnahmedauern von vier bis zwölf Wochen untersucht. Die Art der probiotischen Unterstützung, ob über Nahrungsergänzungsmittel oder probiotische Lebensmittel, beeinflusst ebenfalls die Einnahme. Bei Nahrungsergänzungsmitteln ist die Dosierung meist in Colony Forming Units (CFU) angegeben. Einnahmeempfehlungen sollten die jeweilige CFU-Angabe berücksichtigen, da diese je nach Produkt stark schwanken kann. Probiotische Lebensmittel hingegen enthalten lebende Bakterienkulturen in variablen Mengen, was eine präzise Dosierung erschwert. Daher ist eine Kombination aus probiotischen Lebensmitteln und gezielter Nahrungsergänzung oft sinnvoll. Die Einnahme von Probiotika kann auch positive Effekte auf das Essverhalten und die Stimmung haben. Studien zeigen, dass eine Supplementierung mit bestimmten Probiotika das Sättigungsgefühl verstärken und Heißhungerattacken reduzieren kann [s94]. Gleichzeitig kann sie

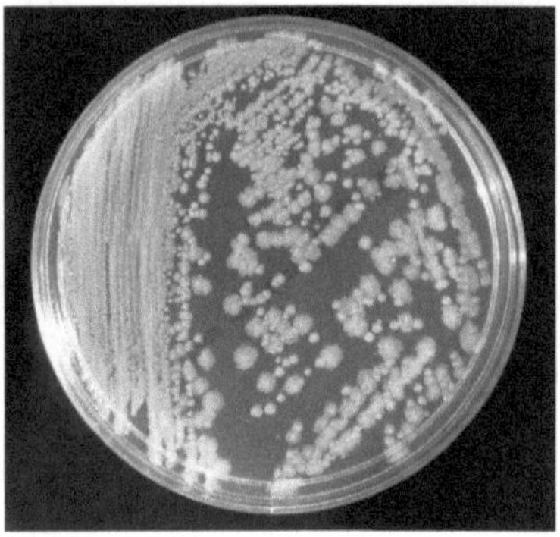

Bakterienkultur [i33]

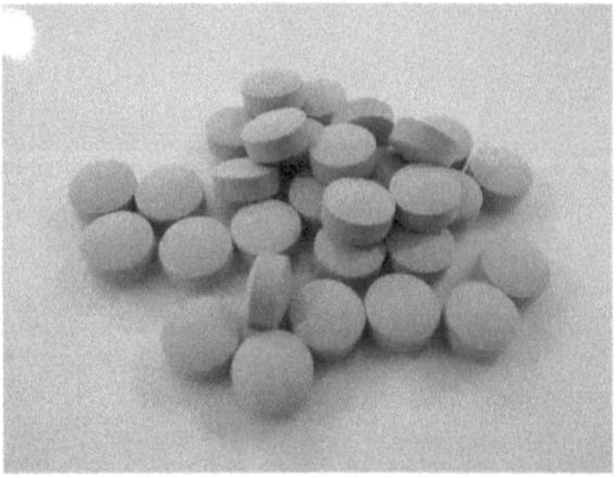

Nahrungsergänzungsmittel [i34]

Depressionssymptome lindern, was besonders für Frauen relevant sein kann. Neben der direkten Einnahme von Probiotika

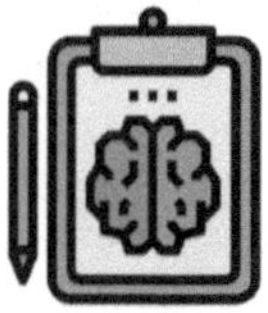

können auch praebiotika, die das Wachstum nützlicher Bakterien im Darm fördern, unterstützend wirken [s95]. Präbiotika finden sich in Lebensmitteln wie Zwiebeln, Knoblauch und Bananen. Für eine optimale Wirkung sollten Probiotika idealerweise zu einer Tageszeit eingenommen werden, zu der die Magensäureproduktion geringer ist, so zum Beispiel morgens vor dem Frühstück oder abends vor dem Schlafengehen. [s96]

Gut zu wissen

Depression

Eine psychische Erkrankung, die durch anhaltende Niedergeschlagenheit, Antriebslosigkeit und Verlust von Interesse oder Freude gekennzeichnet ist. Die Darm-Gehirn-Verbindung deutet auf einen möglichen Einfluss der Darmflora auf die Entstehung und den Verlauf von Depressionen hin. Probiotika könnten hier einen positiven Einfluss haben.

Heißhunger

Plötzlich auftretendes, starkes Verlangen nach bestimmten Nahrungsmitteln, oft nach Süßigkeiten oder fettreichen Speisen. Die Darm-Gehirn-Verbindung legt nahe, dass die Darmflora das Auftreten von Heißhunger beeinflussen kann.

Sättigung

Das Gefühl der Völlegefühl nach dem Essen, das den Wunsch nach weiterer Nahrungsaufnahme hemmt. Die Darm-Gehirn-Verbindung spielt eine Rolle bei der Regulation des Sättigungsgefühls und Probiotika könnten dieses möglicherweise beeinflussen.

Supplementierung

Die zusätzliche Einnahme von Nährstoffen oder anderen Substanzen, in der Regel in Form von Nahrungsergänzungsmitteln, um einen Mangel auszugleichen oder die Gesundheit zu fördern. Im Kontext der Darm-Gehirn-Verbindung kann die Supplementierung mit Probiotika die Darmflora unterstützen.

Probiotischer Stamm Vergleich - Kognitives Nutzenpotenzial

Relatives kognitives Nutzenpotenzial basierend auf stammspezifischer Forschung.

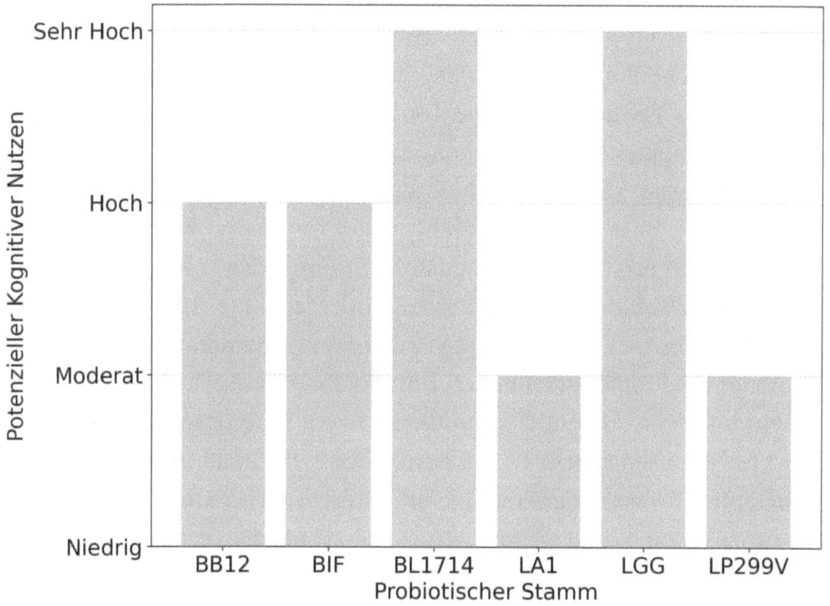

BB12: B. lactis BB-12

BIF: B. infantis

BL1714: B. longum 1714

LA1: L. acidophilus LA-1

LGG: L. rhamnosus GG

LP299V: L. plantarum 299v

Während alle aufgeführten Stämme vielversprechend für die Unterstützung der Gehirn-Darm-Achse sind, scheinen einige basierend auf bestehender Forschung ein größeres Potenzial für kognitive Vorteile zu haben. Stämme wie *L. rhamnosus GG* und *B. longum 1714* zeigen robustere Nachweise für die Verbesserung von Aspekten wie Stimmung, Gedächtnis und Stressreaktion. Die Wahl eines Stammes mit starker wissenschaftlicher Grundlage ist entscheidend für die Maximierung potenzieller Vorteile.

Wirkungsweise im Verdauungstrakt

Probiotika entfalten ihre Wirkung im Verdauungstrakt auf vielfältige Weise. Sie tragen zur Wiederherstellung eines ausgewogenen Mikrobioms bei, indem sie die Besiedlung durch unerwünschte Bakterien verhindern. [s97] So produzieren einige Probiotika Bakteriocine, Substanzen, die das Wachstum schädlicher Bakterien hemmen. Darüber hinaus stärken Probiotika die Darmbarriere. Sie fördern die Zelladhäsion, die Bindung der Zellen aneinander und regen die Produktion von Schleimstoffen (Mucin) an, die die Darmschleimhaut schützen. [s97] Eine intakte Darmbarriere ist unerlässlich, um das Eindringen von Krankheitserregern und Schadstoffen in den Blutkreislauf zu minimieren. Probiotika beeinflussen außerdem die Immunantwort im Darm. Sie fördern die Bildung entzündungshemmender Botenstoffe (Zytokine) und unterstützen die Entwicklung regulatorischer T-Zellen, die eine überschießende Immunreaktion unterdrücken. [s97] Ein gestärktes Immunsystem im Darm kann Entzündungen und damit verbundene Beschwerden reduzieren. Zusätzlich können Probiotika die Zusammensetzung und Funktion des Mikrobioms positiv beeinflussen. [s98] Durch die Förderung der mikrobiellen Vielfalt und Stabilität im Darm tragen sie zu einer verbesserten Darmgesundheit bei. Eine erhöhte mikrobielle Vielfalt wird mit einer verbesserten Widerstandsfähigkeit gegenüber Störungen in Verbindung gebracht. [s98] Probiotika können so die Darmbarriere stärken und Entzündungen regulieren. Diese Effekte sind besonders bei Erkrankungen wie dem Reizdarmsyndrom relevant, bei dem häufig eine gestörte Darmbarriere und ein Ungleichgewicht des Mikrobioms (Dysbiose) vorliegen. [s99] [s100] Eine gezielte Auswahl von Probiotika-Stämmen, die die Darmbarriere stärken und die Immunantwort modulieren, kann daher zu einer Verbesserung der Symptome beitragen. So kann beispielsweise die Einnahme von Multistrain-Probiotika, also einer Kombination verschiedener

Bakterienstämme, die Darmbarriere nach Infektionen oder Entzündungen stärken und die Aktivierung von Mastzellen, die an allergischen Reaktionen beteiligt sind, hemmen. [s99]

Gut zu wissen

Bakteriocine

Bakteriocine, die von einigen Probiotika produziert werden, können das Wachstum pathogener Bakterien im Darm hemmen und so die Zusammensetzung des Mikrobioms und die Darmgesundheit positiv beeinflussen. Dies kann indirekt Auswirkungen auf die Gehirnfunktion haben, da ein gesundes Darm-Mikrobiom die Signalübertragung zum Gehirn moduliert.

Mastzellen

Mastzellen spielen eine Rolle bei allergischen Reaktionen und Entzündungen im Darm. Probiotika können die Aktivierung von Mastzellen modulieren und so Entzündungen reduzieren, was positive Auswirkungen auf die Darmgesundheit und die Gehirn-Darm-Verbindung haben kann.

Multistrain-Probiotika

Multistrain-Probiotika, die eine Kombination verschiedener Bakterienstämme enthalten, können synergistisch wirken und verschiedene positive Effekte auf die Darmgesundheit und die Gehirn-Darm-Verbindung haben, wie z. B. die Stärkung der Darmbarriere und die Modulation der Immunantwort.

Probiotische Wirkung im Verdauungstrakt

Wirksamkeit und Position von probiotischen Stämmen im Verdauungstrakt.

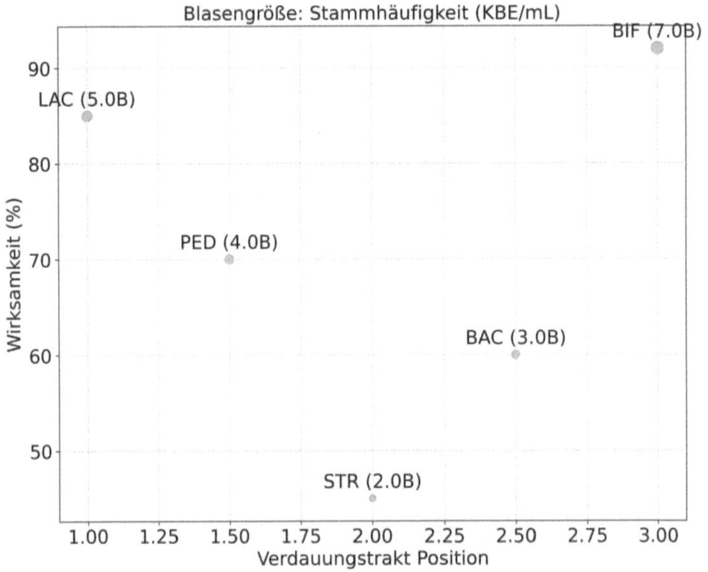

Blasengröße: Stammhäufigkeit (KBE/mL)

BAC: Bacillus

BIF: Bifidobacterium

LAC: Lactobacillus

PED: Pediococcus

STR: Streptococcus

Die Grafik zeigt die unterschiedliche Wirksamkeit von probiotischen Stämmen im Verdauungssystem. Lactobacillus und Bifidobacterium zeigen signifikante Aktivität im Dünn- bzw. Dickdarm, was auf spezialisierte Rollen hinweist. Während Streptococcus eine breitere Aktivität aufweist, deutet seine geringere Gesamtwirkung auf eine weniger prominente Rolle für die Darmgesundheit im Vergleich zu den anderen hin. Diese Daten unterstreichen die Bedeutung der stammspezifischen Probiotika-Auswahl für gezielte Vorteile.

Konkrete Ratschläge

- Integrieren Sie probiotische Lebensmittel wie Kefir oder Kombucha schrittweise in Ihren Alltag, beginnend mit kleinen Mengen, um Ihre Darmflora sanft an die neuen Bakterienstämme zu gewöhnen.
- Kreieren Sie Ihre individuelle Probiotika-Kur: Nach einer Antibiotika-Einnahme wählen Sie gezielt Probiotika-Stämme, die die Darmflora wieder aufbauen, wie beispielsweise Lactobacillus rhamnosus GG.
- Rotieren Sie Ihre Probiotika-Präparate: Wechseln Sie alle paar Wochen die Bakterienstämme in Ihren Nahrungsergänzungsmitteln, um die Diversität Ihrer Darmflora zu fördern.
- Kombinieren Sie die Einnahme von Probiotika mit der von Polyphenolen aus grünem Tee oder Granatapfel, um die Ansiedlung der nützlichen Bakterien im Darm zu begünstigen.
- Verfeinern Sie probiotischen Joghurt mit selbstgemachtem Apfelmus aus ungeschälten Äpfeln, um die positiven Effekte der Probiotika durch die enthaltenen Pektine zu verstärken.
- Trinken Sie nach dem Verzehr probiotischer Lebensmittel eine Tasse lauwarmen Kräutertee, um die Bakterien auf ihrem Weg in den Darm zu unterstützen.
- Achten Sie bei der Auswahl von Probiotika-Präparaten auf Qualitätssiegel, die die Anzahl und Lebensfähigkeit der Bakterien garantieren.
- Lagern Sie Ihre Probiotika-Nahrungsergänzungsmittel gemäß den Herstellerangaben, um die Wirksamkeit der Bakterienkulturen zu erhalten.
- Besprechen Sie Ihre Probiotika-Strategie mit Ihrem Arzt oder Apotheker, um Wechselwirkungen mit Medikamenten auszuschließen.

3. 3 Störfaktoren vermeiden

Stress, Umweltbelastungen und Medikamente können die Darmgesundheit und damit das empfindliche Gleichgewicht des Mikrobioms empfindlich stören. Diese Störfaktoren beeinflussen die Darmpermeabilität, die Zusammensetzung der Darmflora und letztlich auch die Gehirnfunktion. Die Folgen reichen von Verdauungsbeschwerden bis hin zu psychischen Problemen. Dieses Kapitel zeigt, wie Sie negative Einflüsse auf Ihren Darm minimieren und so Ihre Darmflora schützen. Erfahren Sie, wie Sie durch gezielte Maßnahmen Ihre Darmgesundheit stärken und die Gehirn-Darm-Verbindung positiv beeinflussen.

Um die Darm-Hirn-Achse im Gleichgewicht zu halten, ist die Minimierung von Störfaktoren wie Stress, Umweltbelastungen und bestimmten Medikamenten essentiell.

Stressreduktion

Stress beeinflusst die Darmgesundheit maßgeblich. Er verändert die Empfindlichkeit, Bewegung, Sekretion und Durchlässigkeit des Darms [s101]. Das kann zu einer erhöhten Durchlässigkeit der Darmwand führen, wodurch Bakterien leichter in den Körper eindringen können [s102]. Dieser "Leaky-Gut"-Effekt kann Entzündungen fördern und bestehende Darmerkrankungen, z.B. das Reizdarmsyndrom, verschlimmern. Neben diesen physiologischen Auswirkungen spielt Stress auch eine Rolle bei psychischen Problemen wie Angstzuständen und Depressionen, die wiederum die Krankheitsaktivität bei entzündlichen Darmerkrankungen beeinflussen können [s102]. Zur Stressreduktion gibt es verschiedene Ansätze. Nicht-pharmakologische Methoden umfassen die Stärkung der Arzt-Patienten-Beziehung, Patientenschulung, Hypnotherapie, kognitive Verhaltenstherapie, Ernährungsumstellung, Bewegung und Biofeedback [s101]. Diese Methoden zielen darauf ab, Stressoren zu bewältigen und die Stressreaktion des Körpers zu regulieren. Ergänzend können pharmakologische Strategien, z.B. Antidepressiva, eingesetzt werden, um stressbedingte Veränderungen im Darm zu behandeln und die Lebensqualität zu verbessern [s102]. Wichtig ist, die individuell passende Kombination aus diesen Methoden zu finden. Chronischer Stress aktiviert die Hypothalamus-Hypophysen-Nebennieren-Achse (HPA), was zu stressbedingten Störungen führen kann [s103]. Gleichzeitig kann die Einnahme von Antibiotika die Darmflora negativ beeinflussen und so die HPA-Achse aktivieren [s103]. Daher ist ein achtsamer Umgang mit Medikamenten, insbesondere Antibiotika, ratsam. Eine ausgewogene Darmflora unterstützt die Produktion wichtiger neurotransmitter und trägt so zum psychischen Wohlbefinden bei [s103].

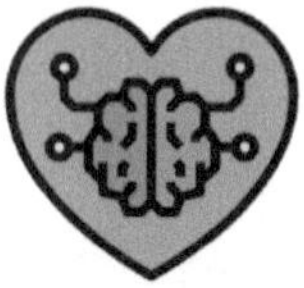

Korrelation zwischen Stressniveau und Darmgesundheit

Veranschaulicht die inverse Beziehung zwischen Stressniveau und Darmgesundheit.

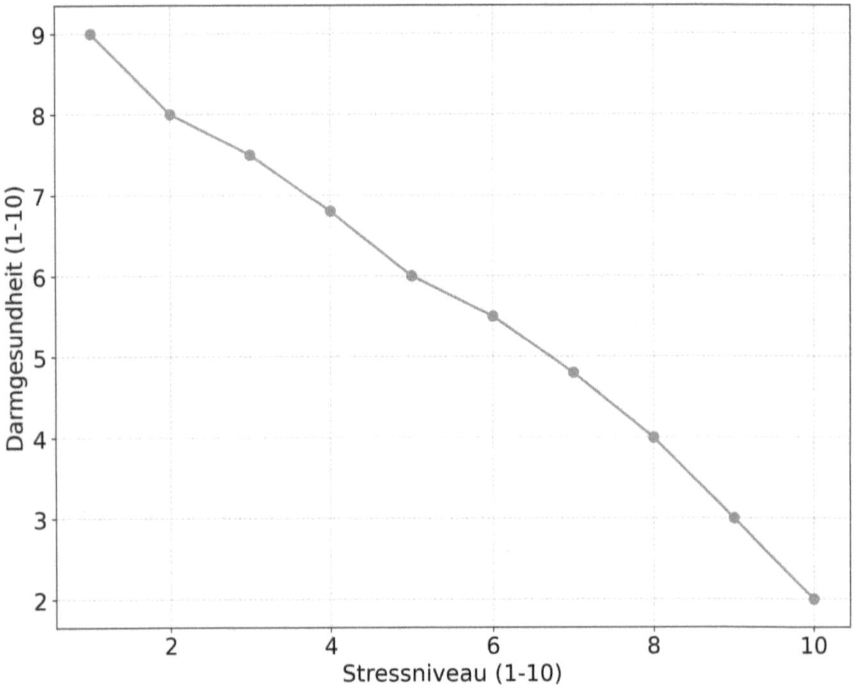

Mit abnehmendem Stressniveau verbessern sich die Marker der Darmgesundheit im Allgemeinen. Dies deutet darauf hin, dass Stressmanagement die Darmgesundheit positiv beeinflussen kann und unterstützt die Gehirn-Darm-Verbindung. Umgekehrt sind höhere Stressniveaus mit schlechteren Darmgesundheitsindikatoren verbunden. Dies unterstreicht die Bedeutung von Stressreduktionstechniken für das allgemeine Wohlbefinden.

Umweltbelastungen minimieren

Umweltbelastungen, denen wir täglich ausgesetzt sind, können die Darmgesundheit und damit auch das Gehirn beeinflussen. Schadstoffe wie Pestizide in Lebensmitteln, Schwermetalle in der Luft oder Weichmacher in Plastikverpackungen belasten den Organismus und können die Zusammensetzung der Darmflora verändern [s104]. Eine reduzierte Diversität der Mikrobiota wird mit verschiedenen Gesundheitsproblemen in Verbindung gebracht. Der Verzehr von Bio-Lebensmitteln kann die Pestizidbelastung reduzieren. Die Auswahl von Glas- oder Metallbehältern anstelle von Plastik minimiert die Aufnahme von Weichmachern. Regelmäßiges Lüften, insbesondere nach Renovierungsarbeiten, hilft, die Belastung durch flüchtige organische Verbindungen in Innenräumen zu verringern. Auch Bewegung an der frischen Luft, fernab von stark befahrenen Straßen, trägt zu einer geringeren Schadstoffbelastung bei und fördert gleichzeitig, wie Studien zeigen, eine vielfältigere Darmflora [s104]. Ein Spaziergang im Park oder Wald kann somit positive Auswirkungen auf die Darmgesundheit und das allgemeine Wohlbefinden haben.

Bio-Lebensmittel [i35]

Pestizide [i36]

Gut zu wissen

Bio-Lebensmittel

Bio-Lebensmittel werden ohne synthetische Pestizide und Herbizide angebaut. Der Verzehr von Bio-Lebensmitteln kann dazu beitragen, die Belastung des Körpers mit diesen potenziell schädlichen Substanzen zu reduzieren und so die Darmgesundheit und die Gehirn-Darm-Kommunikation zu schützen.

Flüchtige organische Verbindungen

Flüchtige organische Verbindungen (VOCs) sind gasförmige Chemikalien, die aus verschiedenen Quellen wie Farben, Lacken, Reinigungsmitteln und Baumaterialien freigesetzt werden. Sie können die Darmgesundheit beeinträchtigen und die Kommunikation zwischen Darm und Gehirn stören, was zu Konzentrationsproblemen oder Schlafstörungen führen kann.

Schwermetalle

Schwermetalle wie Blei oder Quecksilber können sich im Körper anreichern und die Darmgesundheit beeinträchtigen. Sie können Entzündungen im Darm fördern und die Schutzfunktion der Darmbarriere schwächen, wodurch die Gehirn-Darm-Verbindung gestört wird und neurologische Symptome auftreten können.

Einfluss von Störfaktoren

Auswirkungen auf die Gehirn-Darm-Achse

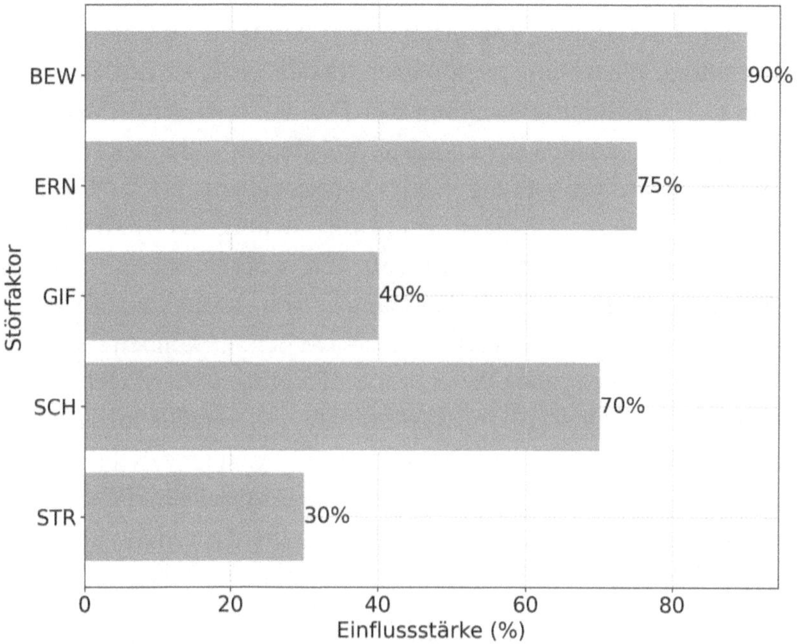

BEW: Bewegungsmangel
ERN: Unges. Ernährung
GIF: Umweltgifte
SCH: Schlafmangel
STR: Stress

Das horizontale Balkendiagramm visualisiert den relativen Einfluss verschiedener Störfaktoren auf die Gehirn-Darm-Verbindung. Stress zeigt den stärksten Einfluss, gefolgt von Schlafmangel und ungesunder Ernährung. Moderate Auswirkungen haben Umweltgifte und Bewegungsmangel. Dies verdeutlicht die Bedeutung von Stressmanagement, ausreichend Schlaf und gesunder Ernährung für eine optimale Funktion der Gehirn-Darm-Achse.

Medikamenteneinflüsse beachten

Medikamente, die zur Behandlung verschiedener Erkrankungen eingesetzt werden, können die Darmgesundheit und somit indirekt auch die Gehirnfunktion beeinflussen. Arzneimittel wirken nicht isoliert auf ein Organ, sondern können systemische Effekte haben, die die Darmflora, die darmpermeabilitaet (Durchlässigkeit der Darmwand) und die Darmmotilität (Bewegung des Darms) verändern. [s105] Diese Veränderungen können zu gastrointestinalen Beschwerden wie Bauchschmerzen, Verstopfung oder Diarrhö führen. [s105] So können etwa stimulierende Medikamente, die häufig bei ADHS oder Narkolepsie verschrieben werden, Bauchschmerzen auslösen. Betablocker, die zur Behandlung von Bluthochdruck und Herzrhythmusstörungen verwendet werden, können ebenfalls Verdauungsstörungen wie Verstopfung, Diarrhö und Magenreizungen verursachen. Auch nicht-steroidale entzündungshemmende Medikamente (NSAIDs), zu vergleichen mit gängigen Schmerzmitteln wie Ibuprofen oder Diclofenac, können die Darmschleimhaut schädigen und zu Entzündungen führen. Antibiotika, die bakterielle Infektionen bekämpfen, können die natürliche Darmflora stören und das Wachstum pathogener Keime fördern. Diese Dysbiose (Ungleichgewicht der Darmflora) kann zu Verdauungsbeschwerden und einem erhöhten Risiko für Infektionen führen. Um die negativen Auswirkungen von Medikamenten auf den Darm zu minimieren, ist es wichtig, die Medikation mit dem Arzt zu besprechen und mögliche Alternativen oder unterstützende Maßnahmen in Betracht zu ziehen. Probiotika, praebiotische Lebensmittel und eine ballaststoffreiche Ernährung können dazu beitragen, die Darmgesundheit während und nach einer medikamentösen Therapie zu unterstützen. Eine gesunde Darmflora ist wichtig für die Produktion von Neurotransmittern wie Serotonin, die eine entscheidende Rolle für die Stimmung und das Wohlbefinden spielen.

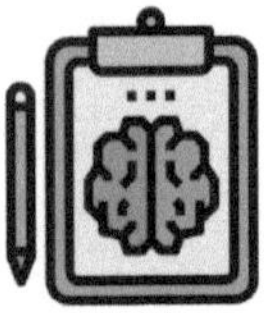

Gut zu wissen

Pathogene Keime

Pathogene Keime sind Mikroorganismen, die Krankheiten verursachen können. Ein übermäßiges Wachstum pathogener Keime im Darm kann die Darmgesundheit und die Gehirn-Darm-Kommunikation negativ beeinflussen.

Medikamenteneinfluss auf die Darm-Hirn-Achse

Auswirkungen gängiger Medikamente auf die Darmflora.

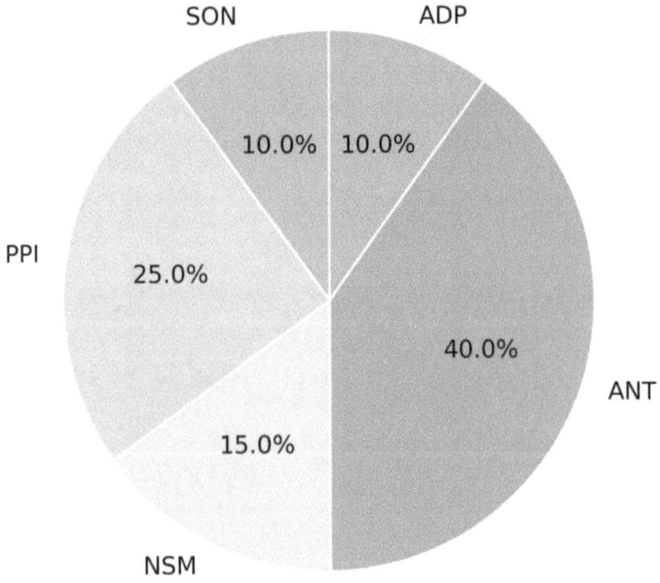

ADP: Antidepressiva

ANT: Antibiotika

NSM: NSAR

PPI: Protonenpumpenhemmer

SON: Sonstige Medikamente

Diese Grafik zeigt die erheblichen Auswirkungen verschiedener Medikamente auf das Darmmikrobiom. Während Antibiotika aufgrund ihrer Breitbandwirkung den größten Effekt haben, tragen auch andere Medikamente wie Protonenpumpenhemmer und NSAR zu Veränderungen der bakteriellen Zusammensetzung im Darm bei. Diese Störung kann die Darm-Hirn-Achse beeinflussen und möglicherweise zu verschiedenen gesundheitlichen Folgen führen. Das Verständnis dieser Auswirkungen ist entscheidend für die personalisierte Medizin und die Optimierung von Behandlungsstrategien.

Konkrete Ratschläge

- Reduzieren Sie die Einnahme nicht unbedingt notwendiger Medikamente, um die Darmflora nicht unnötig zu belasten.
- Schaffen Sie sich eine medikamentenfreie Woche pro Monat, um Ihrem Darm Erholung zu gönnen (nach Absprache mit Ihrem Arzt).
- Filtern Sie Ihr Trinkwasser, um die Belastung durch Chlor und andere Stoffe zu minimieren.
- Bevorzugen Sie Kleidung aus Naturfasern wie Baumwolle oder Leinen, um den Kontakt mit potenziell schädlichen Chemikalien in synthetischen Textilien zu reduzieren.
- Lüften Sie Ihre Wohnung regelmäßig und intensiv, besonders in der Küche und im Bad, um flüchtige organische Verbindungen aus Reinigungsmitteln zu entfernen.
- Verwenden Sie natürliche Reinigungsmittel, um die Belastung durch chemische Substanzen zu minimieren.
- Entfernen Sie Ihre Schuhe bereits im Eingangsbereich, um das Eintragen von Schadstoffen aus der Umwelt zu vermeiden.
- Besuchen Sie regelmäßig eine Sauna, um Ihren Körper bei der Entgiftung zu unterstützen (nach Absprache mit Ihrem Arzt).
- Entwickeln Sie ein Bewusstsein für versteckte Zuckerquellen in verarbeiteten Lebensmitteln und reduzieren Sie diese konsequent.
- Vermeiden Sie unnötige Strahlenbelastung, indem Sie die Nutzung von Mobiltelefonen und WLAN reduzieren und Geräte nachts ausschalten.
- Umgeben Sie sich mit Pflanzen, die die Luft reinigen und so Ihre Wohnumgebung verbessern.

Rückblick - 3. Darmsanierung und Mikrobiompflege

Die Gesundheit Ihres Darms ist eng mit Ihrem allgemeinen Wohlbefinden verknüpft, insbesondere mit Ihrer kognitiven Leistungsfähigkeit und Ihrer psychischen Gesundheit. Eine intakte Darmflora, bestehend aus einer Vielzahl nützlicher Bakterien, spielt dabei eine entscheidende Rolle. Sie unterstützt nicht nur die Nährstoffversorgung der Darmzellen und die Regeneration der Darmschleimhaut, sondern beeinflusst auch Ihr Immunsystem, Ihre Stressreaktion und sogar Ihr Essverhalten. Um diese komplexe Wechselwirkung, die sogenannte Gehirn-Darm-Achse, positiv zu beeinflussen, können Sie aktiv Maßnahmen ergreifen und Ihre Darmgesundheit gezielt fördern.

Ein wichtiger Schritt zur Mikrobiompflege ist die Optimierung Ihrer Ernährung. Integrieren Sie ballaststoffreiche Lebensmittel wie Vollkornprodukte, Obst, Gemüse und Hülsenfrüchte in Ihren Speiseplan. Diese sogenannten „mikrobiota-zugänglichen Kohlenhydrate“ dienen den nützlichen Darmbakterien als Nahrung und fördern so deren Wachstum und Aktivität. Achten Sie zudem auf eine reduzierte Zufuhr von stark verarbeiteten Lebensmitteln, gesättigten Fettsäuren und Zucker, da diese das Gleichgewicht der Darmflora negativ beeinflussen können. Ergänzend können Sie präbiotische Lebensmittel wie Zwiebeln, Knoblauch, Bananen oder Topinambur in Ihre Ernährung einbauen, um das Wachstum bestimmter Bakterienstämme gezielt zu unterstützen.

Neben der Ernährung spielen auch Stressmanagement und die Minimierung von Umweltbelastungen eine wichtige Rolle für Ihre Darmgesundheit. Chronischer Stress kann die Darmpermeabilität erhöhen und Entzündungen begünstigen. Finden Sie daher für sich geeignete Entspannungstechniken wie Yoga, Meditation oder autogenes Training. Achten Sie außerdem auf ausreichend Schlaf und regelmäßige Bewegung an der frischen Luft. Um die Belastung durch Umweltgifte zu reduzieren, empfehlen sich der Verzehr von Bio-Lebensmitteln, die Verwendung von schadstofffreien Verpackungen und regelmäßiges Lüften der Wohnräume. Berücksichtigen Sie auch die potenziellen Auswirkungen von Medikamenten auf Ihre Darmflora. Besprechen Sie Ihre Medikation mit Ihrem Arzt und erwägen Sie gegebenenfalls unterstützende Maßnahmen wie die Einnahme von Probiotika, um die Darmgesundheit während und nach einer medikamentösen Therapie zu fördern.

Die Umsetzung einer Darmsanierung erfordert Geduld und Konsequenz. Nicht jeder Ansatz ist für jeden gleichermaßen geeignet. Beobachten Sie Ihre individuellen Reaktionen auf Ernährungsumstellungen und andere Maßnahmen und passen Sie Ihre Strategie gegebenenfalls an. Konsultieren Sie bei bestehenden Beschwerden oder Unsicherheiten Ihren Arzt oder einen Ernährungsberater. Eine gesunde Darmflora ist eine Investition in Ihr Wohlbefinden. Mit den richtigen Maßnahmen können Sie die Kommunikation zwischen Darm und Gehirn positiv beeinflussen und so Ihre körperliche und geistige Gesundheit nachhaltig stärken.

4. Psychische Gesundheit und Darmfunktion

Haben Sie sich je gefragt, warum wir bei Stress oft Verdauungsprobleme bekommen? Die enge Verbindung zwischen unserem Darm und unserem psychischen Wohlbefinden beschäftigt Forschende weltweit. Neueste Erkenntnisse zeigen, dass unser Verdauungssystem weit mehr ist als nur ein Organ zur Nahrungsverwertung. Über ein komplexes Netzwerk aus Nervenbahnen und Botenstoffen kommunizieren Darm und Gehirn permanent miteinander und beeinflussen dabei unsere Gefühlswelt, unser Verhalten und unsere Regenerationsfähigkeit. Die faszinierenden Mechanismen dieser Wechselwirkung und ihre Bedeutung für unsere mentale Gesundheit werden wir in diesem Kapitel entschlüsseln.

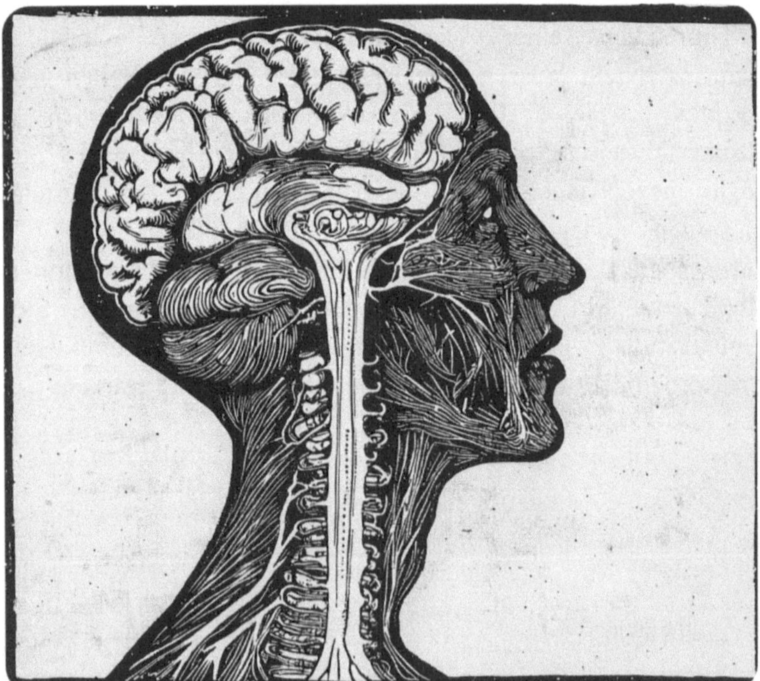

4. 1 Stimmungsregulation

Stimmungsregulation ist eng mit der Darmgesundheit verknüpft. Die Darmflora produziert wichtige Neurotransmitter wie Serotonin und GABA, die unsere Stimmung, unseren Schlaf und unseren Appetit beeinflussen. Eine unausgewogene Darmflora (Dysbiose) kann diese Produktion stören und zu Stimmungsschwankungen, Schlafstörungen und Verdauungsproblemen führen. Der Einfluss der Darm-Hirn-Achse auf unser emotionales Gleichgewicht ist enorm. Pathogene Keime und Stress können die Darmflora negativ beeinflussen und die Kommunikation zwischen Darm und Gehirn stören. Dies kann zu innerer Unruhe, Angstzuständen und sogar Depressionen beitragen. Erfahren Sie in diesem Kapitel, wie die Darmgesundheit unsere Stimmung beeinflusst und welche Rolle die Ernährung, Stressmanagement und das Mikrobiom für unser emotionales Wohlbefinden spielen.

Die Balance der Darmflora beeinflusst maßgeblich die Stimmung, da im Darm produzierte Neurotransmitter wie Serotonin über die Darm-Hirn-Achse direkt mit dem Gehirn kommunizieren.

Neurotransmitterproduktion

Die Produktion von neurotransmittern, den chemischen Botenstoffen des Nervensystems, findet nicht nur im Gehirn, sondern auch im Darm statt. Im Darm produziert die Mikrobiota, die Gesamtheit der dort lebenden Mikroorganismen, eine Vielzahl von Neurotransmittern wie Serotonin, Gamma-Aminobuttersäure (GABA), Dopamin und Noradrenalin. [s106] [s107] Diese Neurotransmitter kommunizieren sowohl lokal im Darm als auch mit dem Gehirn über die Darm-Hirn-Achse. [s108] Ein Großteil des körpereigenen Serotonins, das unter anderem Stimmung, Schlaf und Appetit reguliert, wird im Darm produziert. [s109] Die Darmflora beeinflusst die Verfügbarkeit von Tryptophan, der essenziellen Aminosäure und dem einzigen Vorläufer der Serotoninsynthese. [s110] Eine ausgewogene Ernährung mit tryptophanreichen Lebensmitteln, wie Nüssen, Samen oder Hülsenfrüchten, kann so die Serotoninproduktion unterstützen. Darmbakterien produzieren außerdem kurzkettige_fettsaeuren_scfas wie Butyrat, Acetat und Propionat, die wiederum die Serotoninsynthese in den enterochromaffinen Zellen des Darms anregen. [s109] [s108] Diese Zellen bilden den größten Teil des Serotonins im Körper. Eine gestörte Darmflora (dysbiose) kann die Neurotransmitterproduktion negativ beeinflussen und somit zu Stimmungsschwankungen, Schlafstörungen oder Verdauungsproblemen beitragen. [s109] [s111] Die Darmgesundheit wirkt sich demnach direkt auf die Produktion und den Stoffwechsel von Neurotransmittern aus und beeinflusst so die Kommunikation zwischen Darm und Gehirn.

Neurotransmitter-Produktion und Stimmungsregulation

Einfluss der Darm-Hirn-Achse

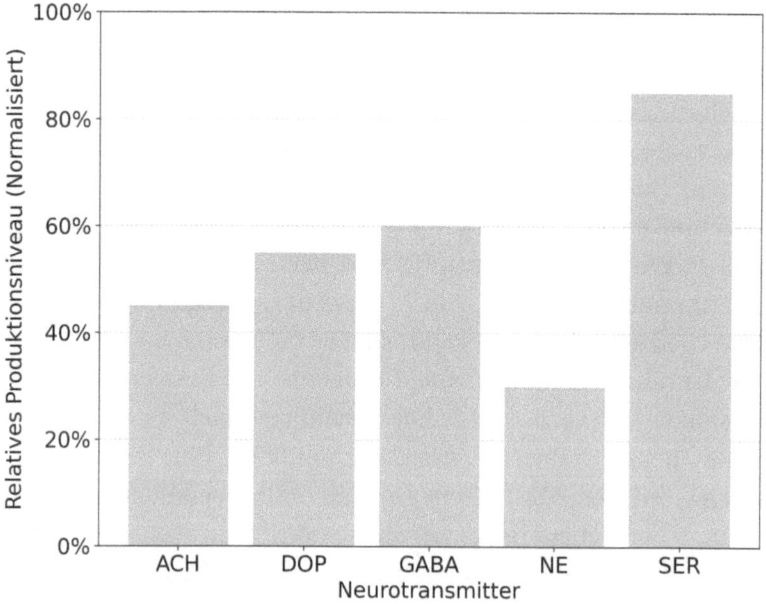

ACH: Acetylcholin

DOP: Dopamin

GABA: GABA

NE: Noradrenalin

SER: Serotonin

Serotonin zeigt eine deutlich höhere Produktion im Vergleich zu anderen Neurotransmittern, was auf eine dominante Rolle bei der Stimmungsregulation hindeutet. Während Dopamin- und GABA-Spiegel moderat sind, könnte die relativ niedrige Produktion von Noradrenalin auf einen potenziellen Interventionsbereich zur Verbesserung der allgemeinen Stimmungsbalance hinweisen. Diese Erkenntnisse unterstreichen die Bedeutung der Darm-Hirn-Verbindung für das psychische Wohlbefinden.

Emotionale Balance

Emotionale Balance ist eng mit dem Zusammenspiel von Darm und Gehirn verknüpft. Die im Darm angesiedelte mikrobiota beeinflusst nicht nur Verdauungsprozesse, sondern auch psychische Funktionen wie Stimmung, Angst und emotionale Stabilität. [s112] Eine Dysbiose, also eine unausgewogene Darmflora, kann die Kommunikation zwischen Darm und Gehirn stören und negative Auswirkungen auf das emotionale Gleichgewicht haben. [s113] [s114] Pathogene Keime können die nützlichen Bakterien verdrängen und so die Produktion und den Stoffwechsel von neurotransmittern wie Serotonin und GABA beeinträchtigen. Diese Botenstoffe sind maßgeblich an der Regulierung von Stimmung, Schlaf und Appetit beteiligt. [s115] Eine unausgewogene Darmflora kann somit zu Stimmungsschwankungen, innerer Unruhe oder sogar der Entstehung von Angstzuständen und Depressionen beitragen. [s112] Die Ernährung spielt eine entscheidende Rolle für die Zusammensetzung der Darmflora. Eine ballaststoffreiche Ernährung mit viel Obst, Gemüse und Vollkornprodukten fördert das Wachstum nützlicher Bakterien und unterstützt so die emotionale Balance. Z.B. können präbiotische Lebensmittel wie Zwiebeln, Knoblauch oder Chicorée das Wachstum bestimmter Bakterienstämme fördern, die die Produktion von kurzkettigen Fettsäuren anregen, welche wiederum die Serotoninsynthese im Darm unterstützen. [s116] [s117] Neben der Ernährung können auch Probiotika, also lebende Mikroorganismen mit gesundheitsfördernden Eigenschaften, die Darmflora positiv beeinflussen und zur Verbesserung der emotionalen Balance beitragen. [s117] Stress wiederum kann die Zusammensetzung der Darmmikrobiota negativ beeinflussen und so eine Dysbiose und eine erhöhte Darmpermeabilität, also Durchlässigkeit der Darmwand, verursachen. [s113] Diese erhöhte Durchlässigkeit kann Entzündungsprozesse im Körper fördern und die Kommunikation zwischen Darm und Gehirn

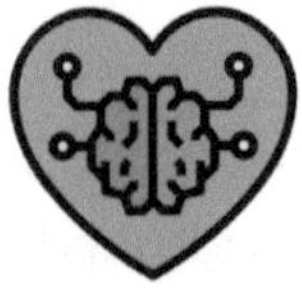

weiter stören. Entspannungstechniken wie Yoga oder Meditation können helfen, Stress abzubauen und so die Darmgesundheit und die emotionale Balance positiv beeinflussen. [s118] Das komplexe Zusammenspiel von homöostatischen und hedonischen Mechanismen in Gehirn und Darm reguliert die emotionale Balance. [s119] Chronischer Konsum stark verarbeiteter Lebensmittel kann zu systemischen Entzündungen führen und die natürliche Regulation des Appetits stören. [s119] Dies kann zu Essstörungen führen, deren Behandlung einen multidisziplinären Ansatz erfordert, der sowohl die Psyche als auch die Körperfunktionen berücksichtigt. [s119]

Emotionale Balance und Darm-Hirn-Achse

Auswirkung der Darmgesundheit auf die emotionale Regulation.

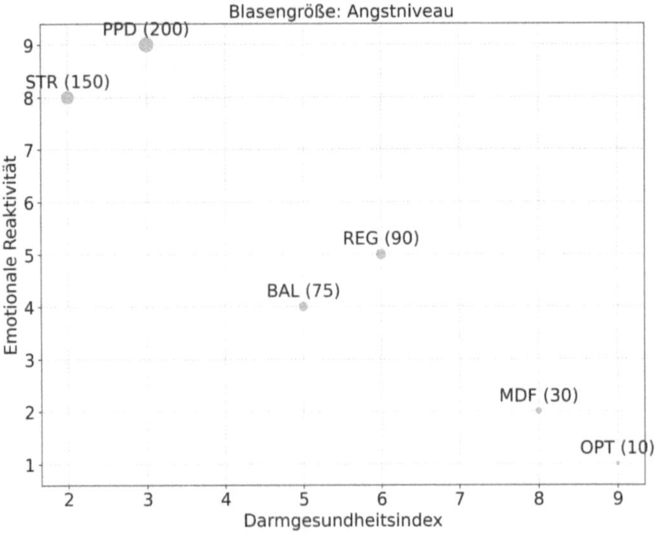

Blasengröße: Angstniveau

BAL: Ausgewogene Ernährung	MDF: Achtsame Ernährung und Fitness
OPT: Optimale Darmgesundheit	PPD: Verarbeitete Lebensmittel dominant
REG: Regelmäßige Bewegung	STR: Stressbedingte Probleme

Diese Grafik deutet auf eine starke Korrelation zwischen Darmgesundheit und emotionaler Balance hin. Eine verbesserte Darmgesundheit, angezeigt durch höhere 'Darmgesundheitsindex'-Werte, steht in Zusammenhang mit besserer emotionaler Regulation und reduzierter emotionaler Reaktivität. Umgekehrt korrelieren niedrigere Darmgesundheitswerte mit erhöhter Angst und Schwierigkeiten bei der Emotionsregulation. Diese Visualisierung unterstreicht das Potenzial zur Verbesserung des emotionalen Wohlbefindens durch Interventionen, die sich auf die Darmgesundheit konzentrieren.

Konkrete Ratschläge

- Spüren Sie bei aufkommenden Emotionen wie Angst oder Ärger bewusst in Ihren Bauch hinein und atmen Sie tief in den Bauchraum.
- Verknüpfen Sie positive Emotionen wie Freude oder Dankbarkeit mit dem Genuss gesunder Lebensmittel, um eine positive Assoziation zwischen Stimmung und Darmgesundheit zu schaffen.
- Entwickeln Sie ein "Bauchgefühl-Barometer": Bewerten Sie täglich auf einer Skala von 1 bis 10, wie wohl Sie sich in Ihrem Bauch fühlen und welche Emotionen damit einhergehen.
- Visualisieren Sie bei der Zubereitung Ihrer Mahlzeiten, wie die gesunden Zutaten Ihre Darmflora positiv beeinflussen und Ihre Stimmung aufhellen.
- Hören Sie bei Ihrer Lieblingsmusik bewusst auf die Vibrationen im Bauchraum und genießen Sie das Gefühl der Entspannung, das sich auf Ihre Darmgesundheit auswirkt.
- Schaffen Sie sich einen "Wohlfühlort" in Ihrer Wohnung, an dem Sie sich entspannen und Ihre Darmgesundheit durch bewusstes Atmen und positive Gedanken stärken können.
- Verbinden Sie einen Spaziergang in der Natur mit einer Meditation, bei der Sie sich auf die Geräusche Ihrer Umgebung konzentrieren und gleichzeitig Ihren Darm bewusst entspannen.
- Lassen Sie sich von Düften inspirieren: Riechen Sie an ätherischen Ölen wie Lavendel oder Kamille, die beruhigend wirken und Ihre Stimmung positiv beeinflussen können.
- Entwickeln Sie ein Abendritual, bei dem Sie sich mit einer sanften Bauchmassage verwöhnen und gleichzeitig Ihre Gedanken des Tages loslassen.

4. 2 Verhaltensanpassungen

Verhaltensanpassungen spielen eine entscheidende Rolle für die psychische Gesundheit und die Darmfunktion. Essgewohnheiten, Entspannungstechniken und Bewegungsroutinen beeinflussen die Darm-Hirn-Achse und damit das komplexe Zusammenspiel von Darm und Psyche. Ungünstige Verhaltensweisen können zu Verdauungsproblemen, Stress und kognitiven Beeinträchtigungen führen. Optimierte Ernährung, Stressbewältigung und regelmäßige Bewegung hingegen fördern ein gesundes Darmmikrobiom und stärken die psychische Widerstandsfähigkeit. Die Interaktion dieser Faktoren ist vielschichtig und bietet vielfältige Ansatzpunkte für positive Veränderungen. Entdecken Sie im Folgenden, wie gezielte Verhaltensanpassungen Ihre Darmgesundheit und Ihr psychisches Wohlbefinden nachhaltig verbessern können.

Gezielte Verhaltensanpassungen in Ernährung, Bewegung und Stressmanagement fördern die Darmgesundheit und stärken so die psychische Widerstandskraft.

Essgewohnheiten optimieren

Optimierte Essgewohnheiten beeinflussen die darmhirnachse positiv. Die Ernährung wirkt sich direkt auf die Zusammensetzung und Aktivität der Darmmikrobiota aus, die wiederum unsere Gesundheit beeinflusst [s120]. Eine abwechslungsreiche Ernährung mit verschiedenen Ballaststoffen fördert ein gesundes Mikrobiom. Präbiotika, zu vergleichen mit resistenter Stärke in unverarbeiteten Lebensmitteln, fördern das Wachstum nützlicher Bakterien im Dickdarm [s120]. Eine ballaststoffreiche Ernährung kann das Risiko für Dickdarmkrebs senken und die allgemeine Darmgesundheit unterstützen [s120]. Neben Ballaststoffen sind auch Omega-3-Fettsäuren, enthalten in fettem Fisch wie Lachs oder Makrele, wichtig für die kognitive Funktion und fördern die synaptische_plastizitaet [s121]. Im Gegensatz dazu kann eine hohe Aufnahme von gesättigten Fetten, die vor allem in tierischen Produkten vorkommen, kognitive Prozesse beeinträchtigen und das Risiko neurologischer Dysfunktionen erhöhen [s121]. Weiterhin beeinflussen Mikronährstoffe wie B-Vitamine, Vitamin D und Antioxidantien die kognitive Funktion positiv und können kognitiven Beeinträchtigungen entgegenwirken [s121]. Eine Ernährungsumstellung kann, kombiniert mit Bewegung, additive Effekte auf die synaptische Plastizität und kognitive Funktion haben [s121]. Neben der Makronährstoffzusammensetzung ist auch die Kalorienzufuhr relevant. Kalorische Einschränkung kann die synaptische Plastizität fördern und oxidative Schäden im Gehirn reduzieren [s121]. Negative Einflüsse auf die Mikrobiota haben Stress, Rauchen und Bewegungsmangel [s120]. Diese Faktoren sollten daher bei der Optimierung der Essgewohnheiten berücksichtigt werden. Eine Ernährungsumstellung, beispielsweise durch den verstärkten Konsum von Vollkornprodukten, Gemüse und Obst anstelle von stark verarbeiteten Lebensmitteln, kann

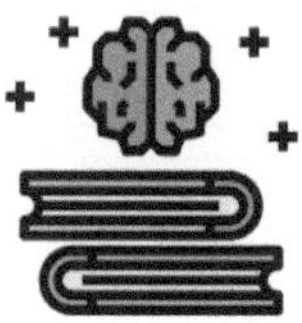

innerhalb kurzer Zeit signifikante Veränderungen im Mikrobiom bewirken [s120].

Gut zu wissen

Kalorische Einschränkung

Eine Reduktion der Kalorienzufuhr kann positive Auswirkungen auf die Darmgesundheit und die Gehirnfunktion haben. Sie kann die Zusammensetzung der Darmmikrobiota verändern und die Produktion von entzündungshemmenden Stoffen fördern, was sich positiv auf das Verhalten auswirken kann.

Resistente Stärke

Resistente Stärke ist eine Form von Stärke, die im Dünndarm nicht verdaut wird und somit als Nahrung für die Bakterien im Dickdarm dient. Sie wirkt als Präbiotikum und kann so die Darmgesundheit und das Verhalten positiv beeinflussen.

Optimale Mahlzeitenverteilung für die Darm-Hirn-Gesundheit

Visualisierung des idealen Zeitpunkts und der Größe der Mahlzeiten.

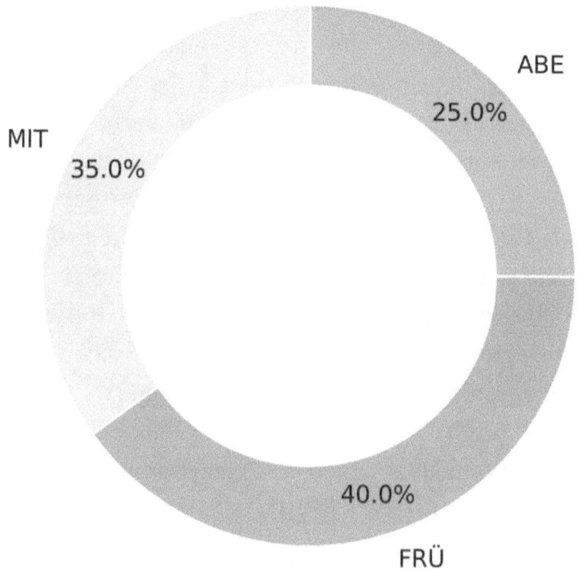

- ABE: Abendessen (25%)
- FRÜ: Frühstück (40%)
- MIT: Mittagessen (35%)

Diese Grafik betont die Bedeutung ausgewogener Mahlzeiten über den Tag. Ein größeres Frühstück hilft den Stoffwechsel anzukurbeln und liefert anhaltende Energie. Ein moderates Mittagessen hält den Energiespiegel aufrecht, während ein kleineres Abendessen eine bessere Verdauung und einen besseren Schlaf ermöglicht. Regelmäßige Mahlzeiten unterstützen den circadianen Rhythmus und die Darmflora-Gesundheit, was sich positiv auf das allgemeine Wohlbefinden auswirkt.

Entspannungstechniken

Entspannungstechniken beeinflussen das Zusammenspiel von Psyche und Darm positiv. Chronischer Stress wirkt sich negativ auf die Darmgesundheit aus und kann zu Verdauungsproblemen führen. Umgekehrt kann ein unausgeglichenes Darmmilieu Stresssymptome verstärken [s122]. Daher ist es wichtig, Strategien zur Stressbewältigung zu entwickeln. Achtsamkeitsübungen, wie Meditation oder Yoga, können helfen, Stress abzubauen und die Körperwahrnehmung zu verbessern [s123]. Sie fördern die Konzentration auf den gegenwärtigen Moment und reduzieren Grübeln über Vergangenes oder Zukünftiges. Bereits kurze, regelmäßige Meditationseinheiten, etwa 10 Minuten täglich, können positive Effekte erzielen. Auch Psychotherapie, insbesondere kognitive_verhaltenstherapie, kann bei der Entwicklung von Bewältigungsstrategien für Stress hilfreich sein [s124]. Diese Therapieform unterstützt Patienten dabei, negative Denkmuster zu erkennen und zu verändern. Neben diesen Methoden können auch Entspannungstechniken wie progressive Muskelentspannung oder autogenes Training eingesetzt werden. Bei der progressiven Muskelentspannung werden verschiedene Muskelgruppen nacheinander angespannt und wieder entspannt, was zu einem Zustand tiefer Entspannung führt. Durch das Erlernen und regelmäßige Anwenden dieser Techniken können Betroffene ihre Stressreaktion regulieren und so die Darmgesundheit positiv beeinflussen. Eine Kombination aus verschiedenen Ansätzen, angepasst an die individuellen Bedürfnisse, ist oft am effektivsten.

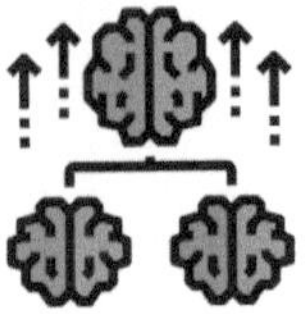

Gut zu wissen

Achtsamkeitsübungen

Praktiken wie Meditation und Yoga können die Stressreaktion des Körpers dämpfen, was sich positiv auf die Darmgesundheit auswirkt. Durch die bewusste Lenkung der Aufmerksamkeit können Achtsamkeitsübungen die Kommunikation zwischen Gehirn und Darm verbessern und so die Verdauung regulieren.

Autogenes Training

Autogenes Training ist eine Entspannungstechnik, die durch Selbstbeeinflussung Ruhe und Entspannung im Körper herbeiführt. Diese Methode kann helfen, stressbedingte Verdauungsbeschwerden zu lindern und die Darmfunktion zu harmonisieren.

Chronischer Stress

Anhaltender Stress kann die Darmflora negativ beeinflussen, die Durchlässigkeit der Darmbarriere erhöhen und Entzündungen im Darm fördern. Dies kann zu verschiedenen Verdauungsbeschwerden und einer verstärkten Schmerzempfindlichkeit führen.

Progressive Muskelentspannung

Die progressive Muskelentspannung kann durch die Reduktion von Muskelanspannung und Stress die Darmfunktion positiv beeinflussen. Die Entspannung der Muskulatur kann zu einer verbesserten Durchblutung des Darms und einer Regulation der Darmtätigkeit führen.

Effektivität von Entspannungstechniken

Wirksamkeit von Entspannungstechniken bei Stressreduktion.

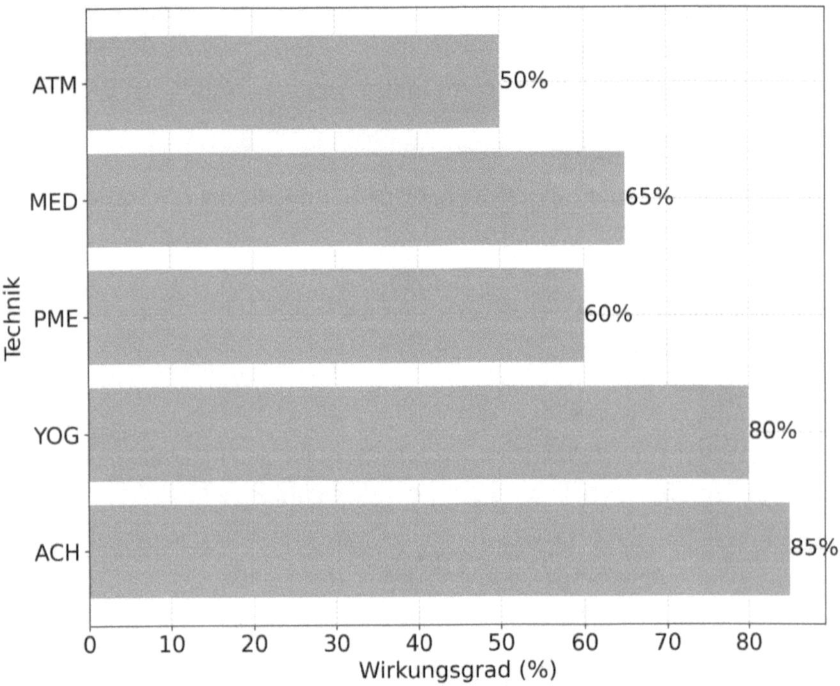

ACH: Achtsamkeit

ATM: Tiefatmung

MED: Meditation

PME: Progressive Muskelentspannung

YOG: Yoga

Tiefatmung und Meditation zeigen die höchste Wirksamkeit bei der Stressreduktion und Verbesserung der Gehirn-Darm-Gesundheit. Yoga und progressive Muskelentspannung bieten ebenfalls Vorteile, jedoch in geringerem Ausmaß. Achtsamkeitstraining erzielt moderate Ergebnisse. Die Wahl der Technik sollte auf individuelle Bedürfnisse abgestimmt sein.

Bewegungsroutinen

Regelmäßige Bewegung wirkt sich positiv auf die Darm-Hirn-Achse aus und kann so die psychische Gesundheit fördern. Körperliche Aktivität beeinflusst die Zusammensetzung der darmmikrobiota, indem sie das Wachstum nützlicher Bakterienarten stimuliert und Entzündungen im Darm reduziert [s125]. Bewegung wirkt außerdem stressmindernd, was sich ebenfalls günstig auf das Darmmilieu auswirkt. Durch die Reduktion von Stresshormonen wie Cortisol wird die darmpermeabilitaet reguliert und so das Risiko für entzündliche Darmerkrankungen verringert [s125]. Nicht nur die Art der Bewegung, sondern auch die Regelmäßigkeit ist entscheidend. Schon moderate Aktivitäten, wie tägliches Spazierengehen oder Fahrradfahren, können die Darmgesundheit nachhaltig verbessern. Wer beispielsweise 30 Minuten zügig spazieren geht, regt die Darmtätigkeit an und fördert so die Verdauung.

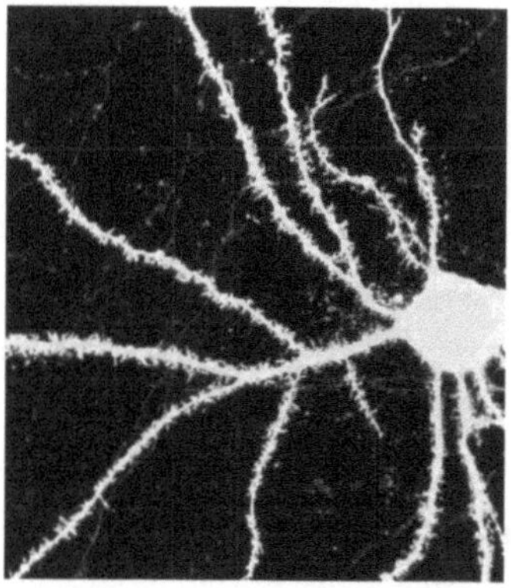

Autismus-Spektrum-Störungen [i37]

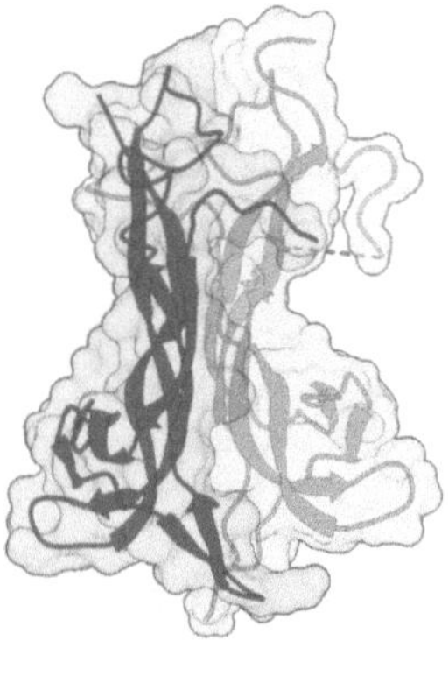

Brain-derived neurotrophic factor [i38]

Zusätzlich unterstützt regelmäßige Bewegung die Produktion von BDNF (brain-derived neurotrophic factor), einem Protein, das das Wachstum von Nervenzellen im Gehirn fördert und die kognitive Leistungsfähigkeit steigert [s126]. Sportarten wie Schwimmen oder

Karate können, neben den positiven Effekten auf die Darmgesundheit, auch die soziale Interaktion und Kommunikation verbessern, was besonders für Menschen mit Autismus-Spektrum-Störungen von Vorteil sein kann [s126]. Eine Kombination aus Ausdauer- und Krafttraining, ergänzt durch regelmäßige Entspannungseinheiten, bietet einen ganzheitlichen Ansatz zur Verbesserung der psychischen und physischen Gesundheit durch die Modulation der Darm-Hirn-Achse. Die Integration von Bewegung in den Alltag, sei es durch Treppensteigen statt Fahrstuhlfahren oder kurze Spaziergänge in der Mittagspause, trägt langfristig zu einem gesunden Darm und einem ausgeglichenen Gemütszustand bei.

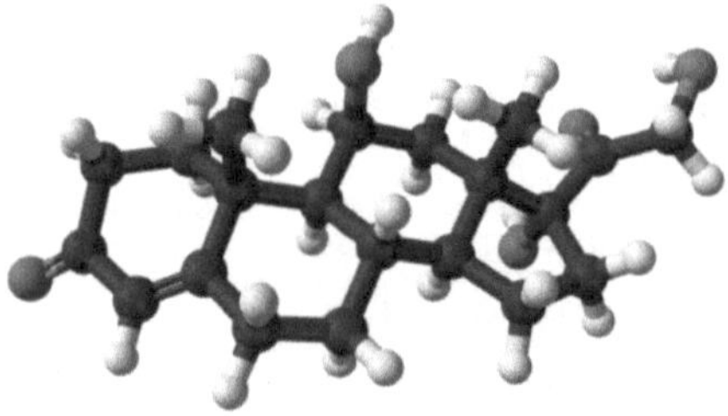

Cortisol [i39]

Gut zu wissen

Autismus-Spektrum-Störungen

Studien deuten darauf hin, dass die Darm-Hirn-Achse eine Rolle bei Autismus-Spektrum-Störungen spielen könnte. Veränderungen in der Zusammensetzung der Darmmikrobiota und Entzündungen im Darm können mit einigen der bei Autismus beobachteten Verhaltensweisen in Verbindung gebracht werden. Bewegung und eine darmgesunde Ernährung könnten dazu beitragen, die Darmgesundheit zu verbessern und somit positive Auswirkungen auf das Verhalten von Menschen mit Autismus-Spektrum-Störungen haben.

Einfluss von Bewegung auf die Darm-Hirn-Achse

Verteilung der Bewegungsarten und ihre möglichen Auswirkungen auf die Darmgesundheit.

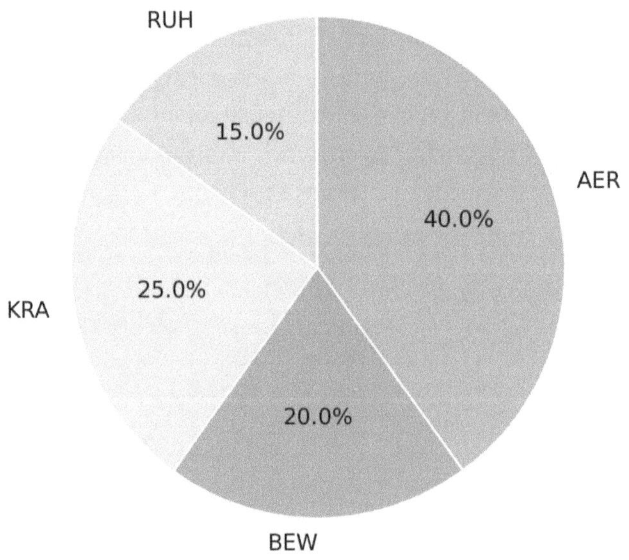

AER: Moderate aerobe Bewegung (z.B. zügiges Gehen, Joggen)

BEW: Beweglichkeit und Mobilität (z.B. Yoga, Dehnen)

KRA: Krafttraining (z.B. Gewichtheben, Eigengewichtsübungen)

RUH: Ruhe und Entspannung (z.B. Meditation, bewusstes Atmen)

Diese Grafik zeigt den unterschiedlichen Einfluss verschiedener Bewegungsroutinen auf die Darm-Hirn-Verbindung. Während moderate aerobe Bewegung den größten positiven Einfluss zu haben scheint, tragen auch Beweglichkeits- und Krafttraining zum allgemeinen Darmwohlbefinden bei. Die Priorisierung einer ausgewogenen Bewegungsroutine, die alle drei Übungsarten einschließt, kann zu einem vielfältigeren und potenziell gesünderen Darmmikrobiom führen.

Konkrete Ratschläge

- Verbinden Sie Ihren nächsten Einkauf mit einem Besuch auf dem Wochenmarkt und entdecken Sie dort neue, unbekannte Gemüsesorten für Ihre Darmgesundheit.
- Richten Sie Ihren Fokus beim Essen auf die Textur und den Geschmack der Lebensmittel, um die Verdauungsprozesse bewusster wahrzunehmen.
- Trinken Sie morgens nach dem Aufstehen ein Glas warmes Wasser mit einem Teelöffel Apfelessig, um die Verdauung anzuregen.
- Integrieren Sie kleine Bewegungseinheiten in Ihren Arbeitsalltag, indem Sie beispielsweise Besprechungen im Stehen abhalten oder kurze Gehpausen einlegen.
- Schaffen Sie sich eine entspannende Abendroutine mit einem warmen Bad und beruhigender Musik, um den Tag abzuschließen und Ihre Darmgesundheit zu fördern.
- Lernen Sie, Ihre Stressauslöser zu identifizieren und entwickeln Sie individuelle Strategien, um diesen aktiv entgegenzuwirken.
- Verbringen Sie Zeit in der Natur, um Ihre Sinne anzuregen und Ihre Darm-Hirn-Verbindung zu stärken.
- Experimentieren Sie mit verschiedenen Entspannungstechniken und finden Sie die Methode, die am besten zu Ihnen passt und Ihre Darmgesundheit unterstützt.
- Suchen Sie den Austausch mit anderen Menschen, um soziale Kontakte zu pflegen und Ihr psychisches Wohlbefinden zu stärken, was sich positiv auf Ihre Darmgesundheit auswirken kann.
- Schaffen Sie sich feste Essenszeiten, um Ihrem Darm einen Rhythmus zu geben und die Verdauung zu optimieren.

4. 3 Regenerationsphasen

Regenerationsphasen sind für die psychische Gesundheit und Darmfunktion essentiell. Unzureichender Schlaf, gestörte Verdauung und fehlende Erholung beeinträchtigen Nervensystem, Hormonhaushalt und Immunsystem, was körperliche und kognitive Defizite zur Folge haben kann. Stress verstärkt diese negativen Auswirkungen, indem er die Verdauung hemmt und Regenerationsprozesse stört. Ausreichend Schlaf, insbesondere Tiefschlaf, ist für die Hormonregulation und den Stoffwechsel entscheidend. Verdauungsruhe durch achtsames Essen und Stressmanagement fördert die Regeneration des Magen-Darm-Trakts. Gezielte Erholungsphasen nach körperlicher und geistiger Anstrengung optimieren die Leistungsfähigkeit und beugen Überlastung vor. Erfahren Sie in diesem Kapitel, wie Sie Ihre Regenerationsphasen effektiv gestalten und so Ihre psychische Gesundheit und Darmfunktion nachhaltig stärken.

Ausreichender Tiefschlaf, Verdauungsruhe und Erholungsphasen sind essenziell für die Regeneration von Körper und Geist und fördern so die Gesundheit des Gehirns und des Darms.

Schlafoptimierung

Schlaf ist für die Funktion des Gehirns und des gesamten Körpers unerlässlich, beeinflusst den Stoffwechsel und reguliert den Appetit [s127]. Tiefschlafphasen, die meist im ersten Drittel der Nacht auftreten, sind besonders regenerativ [s127]. Schlafstörungen führen zu erhöhter Aktivität des sympathischen Nervensystems und der Hypothalamus-Hypophyse-Achse, mit kurzfristigen Folgen wie erhöhter Stressreaktivität, körperlichen Beschwerden, emotionaler Belastung und kognitiven Defiziten [s127]. Langfristig können Bluthochdruck, metabolisches Syndrom und Typ-2-Diabetes entstehen [s127]. Die negativen Auswirkungen von schlechtem Schlaf sind vergleichbar mit denen von zu wenig Schlaf, daher ist die Behandlung von Schlafstörungen wichtig [s127]. Der Schlaf beeinflusst die Hormonausschüttung, darunter Wachstumshormon, Melatonin, Cortisol, Leptin und Ghrelin, die alle mit Schlaf und dem zirkadianen Rhythmus verbunden sind [s128]. Wachstumshormon wird vermehrt während des Schlafs, besonders im Tiefschlaf, ausgeschüttet [s128]. Melatonin unterliegt einem starken zirkadianen Rhythmus und reguliert den Schlaf. Die Einnahme von Melatonin kann das Einschlafen beschleunigen und die Schlafdauer verlängern [s128]. Cortisolspiegel sind während des Tiefschlafs niedrig [s128]. Schlafstörungen gehen mit hormonellen Ungleichgewichten und Stoffwechselproblemen wie Übergewicht, Insulinresistenz und Diabetes einher [s128]. Ausreichend Tiefschlaf ist für einen gesunden Glukosestoffwechsel und die Insulinempfindlichkeit entscheidend [s128]. So kann eine bewusste Gestaltung des Schlafzimmers zur Verbesserung der Schlafqualität beitragen. Ein abgedunkelter Raum, eine angenehme Temperatur und die Vermeidung von elektronischen Geräten vor dem Schlafengehen können die Melatoninproduktion fördern und so den Schlaf verbessern.

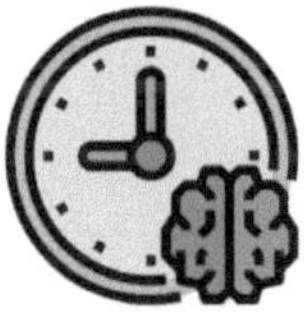

NREM-Schlaf [i40]

Ernährung, Bewegung und Schlafhygiene beeinflussen die Schlafqualität [s129]. Schlaf besteht aus REM- (Rapid Eye Movement) und NREM- (Non-Rapid Eye Movement) Schlaf. Die NREM-Phase ist für die Gedächtnisbildung und Gehirnerholung wichtig [s129]. Erwachsene verbringen 75-80% ihrer Schlafzeit in der NREM-Phase, die auch für die körperliche Erholung und das Immunsystem wichtig ist [s129]. Zu wenig NREM-Schlaf kann zu Schlafstörungen führen, die mit Krankheiten wie Herz-Kreislauf-Erkrankungen und Depressionen in Verbindung gebracht werden [s129]. Eine ausgewogene Ernährung mit tryptophan, Melatonin und serotonin kann die Schlafqualität verbessern [s129]. Kohlenhydrate mit niedrigem glykämischen Index und hohem Ballaststoffanteil sind förderlich, während viele gesättigte Fettsäuren und raffinierte Kohlenhydrate schaden können [s129]. Regelmäßige Bewegung, besonders moderat bis intensiv, verbessert die Schlafqualität und kann Schlafstörungen lindern [s129]. Genussmittel wie Koffein, Alkohol und Nikotin beeinträchtigen den Schlaf und sollten vor dem Zubettgehen vermieden werden [s129].

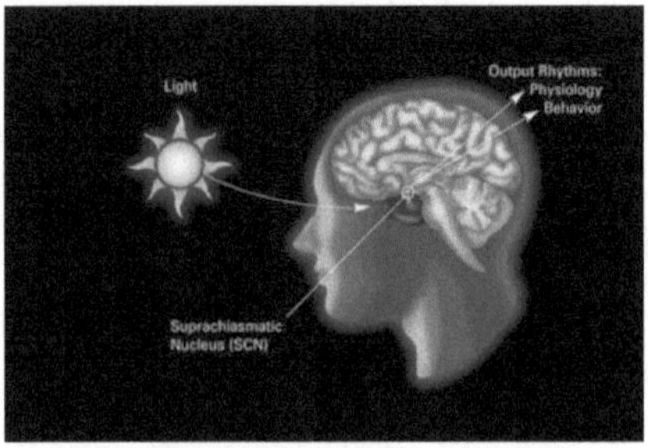

Zirkadianer Rhythmus [i41]

Darm-Gehirn-Aktivität während des Schlafes

Korrelation zwischen Hirnwellenaktivität und Darmmotilität während der Schlafzyklen.

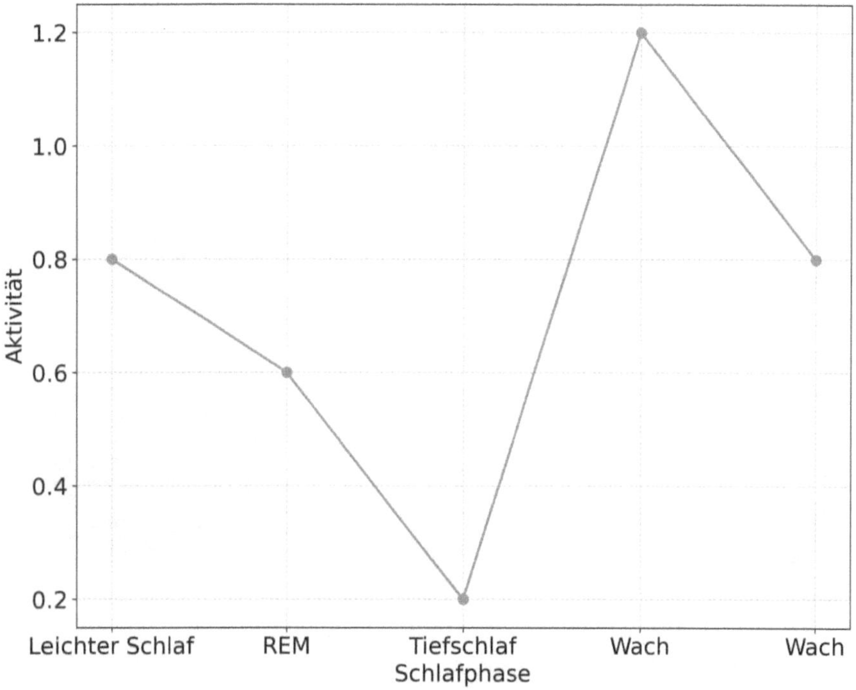

Diese Grafik zeigt eine positive Korrelation zwischen Delta-Wellenaktivität (Tiefschlaf) und reduzierter Darmmotilität, was darauf hindeutet, dass der Darm während des Tiefschlafs ruht. Erhöhte Darmaktivität während des REM-Schlafs könnte auf Abfallverarbeitung und Vorbereitung auf den nächsten Tag hinweisen.

Verdauungsruhe

Verdauungsruhe ist für die Regeneration des gesamten Organismus, insbesondere des Magen-Darm-Trakts, unerlässlich. Stress beeinträchtigt das physiologische Gleichgewicht und stört die Verdauungsfunktion. [s130] Chronischer Stress aktiviert den Sympathikus, der für die "Kampf- oder-Flucht"-Reaktion zuständig ist. Dadurch wird die Verdauungstätigkeit gehemmt, da der Körper seine Ressourcen auf die Bewältigung der Stresssituation konzentriert. Dies kann zu verschiedenen Verdauungsbeschwerden wie Blähungen, Verstopfung oder Durchfall führen. Achtsames Essen hingegen fördert die Aktivität des Parasympathikus, der für Ruhe und Regeneration verantwortlich ist. [s130] Durch die bewusste Wahrnehmung von Geschmack, Textur und Geruch der Nahrung wird die Verdauung optimal unterstützt. Die Aktivierung des Parasympathikus steigert die Produktion von Verdauungssäften und fördert die Nährstoffaufnahme. [s130] So kann beispielsweise ein entspanntes Abendessen in ruhiger Atmosphäre, bei dem man sich ganz auf das Essen konzentriert, die Verdauung positiv beeinflussen und die Regeneration des Körpers unterstützen. Achtsamkeitsübungen und Entspannungstechniken wie Meditation oder Yoga können ebenfalls dazu beitragen, Stress

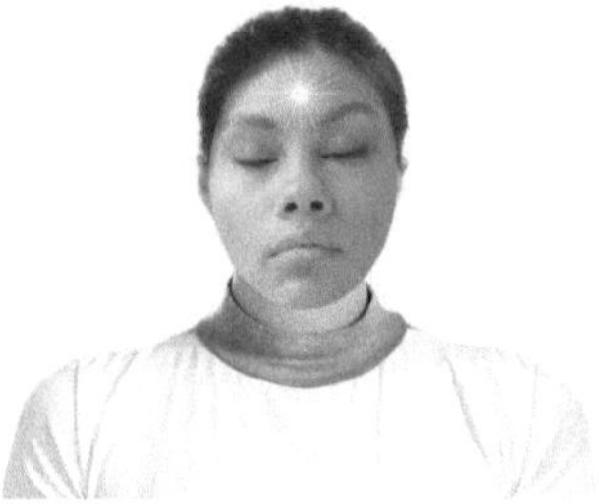

Meditation [i42]

Yoga [i43]

abzubauen und die Verdauungsruhe zu fördern. Indem man lernt, Stressoren im Alltag bewusst wahrzunehmen und zu bewältigen, kann man die Balance zwischen Sympathikus und Parasympathikus wiederherstellen und so die Verdauungsfunktion optimieren.

Verdauungsaktivität im Tagesverlauf

Gehirn-Darm-Verbindung: Ruhe und Verdauung

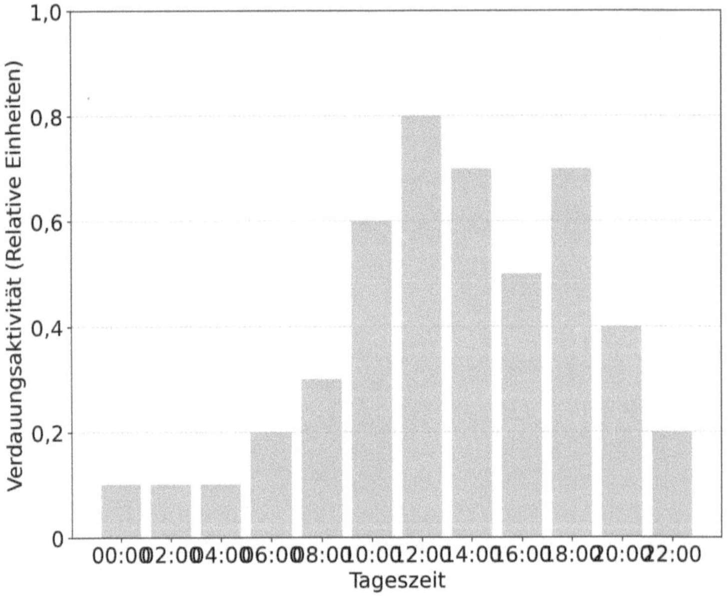

00:00: 00:00 Uhr

02:00: 02:00 Uhr

04:00: 04:00 Uhr

06:00: 06:00 Uhr

08:00: 08:00 Uhr

10:00: 10:00 Uhr

12:00: 12:00 Uhr

14:00: 14:00 Uhr

16:00: 16:00 Uhr

18:00: 18:00 Uhr

20:00: 20:00 Uhr

22:00: 22:00 Uhr

Diese Grafik veranschaulicht die zyklische Natur der Verdauungsaktivität mit Spitzenwerten nach den Mahlzeiten und niedrigerer Aktivität während Ruhe- und Schlafphasen. Die Daten deuten auf einen Zusammenhang zwischen Phasen hoher Verdauungsaktivität und potenzieller kognitiver Belastung hin und unterstreichen die Bedeutung ausgewogener Mahlzeiten und ausreichender Ruhe für eine optimale Gehirnfunktion. Durchgängige Phasen niedriger Aktivität über Nacht sind entscheidend, damit sich der Körper auf Reparatur und Regeneration konzentrieren kann.

Erholungszeiten

Erholungszeiten sind essentiell für die Wiederherstellung und den Erhalt der körperlichen und geistigen Leistungsfähigkeit. Neben Schlaf und verdauungsruhe, die bereits im vorherigen Abschnitt erläutert wurden, spielen auch Ruhephasen im Kontext von körperlicher Aktivität eine wichtige Rolle für die Regeneration. [s131] Nach Belastungsphasen, sei es durch Sport oder alltägliche Anstrengungen, benötigt der Körper Zeit, um sich zu regenerieren und die beanspruchten Strukturen wiederaufzubauen. Diese Regeneration umfasst nicht nur die Muskulatur, sondern auch das Nervensystem, den Hormonhaushalt und das Immunsystem. Eine unzureichende Erholung kann zu Überlastung, Verletzungen und verminderter Leistungsfähigkeit führen. Daher ist es ratsam, Erholungsphasen aktiv in den Tagesablauf zu integrieren. Dies kann durch kurze Pausen während der Arbeit, Entspannungsübungen oder auch durch bewusste Phasen der Inaktivität geschehen. [s131] Nach intensiveren Belastungen, z.B. nach dem Sport, sind längere Ruhephasen notwendig. Die Dauer dieser Phasen sollte an die Intensität und Dauer der Belastung angepasst werden.

Ein schrittweiser Aufbau der Aktivität nach einer Ruhephase ist ebenfalls wichtig, um den Körper nicht zu überfordern und Verletzungen vorzubeugen. [s131] Auch im Kontext kognitiver Leistungen ist die Regeneration von Bedeutung. [s132] Ausreichend Schlaf, insbesondere die notwendigen Schlafphasen, sind für die Regeneration neuronaler Strukturen und die Gedächtnisbildung unerlässlich. Eine Schlafdauer von mindestens 7 Stunden pro Tag wird empfohlen, um die kognitiven Funktionen zu erhalten. [s132] Durch die Integration von Ruhephasen in den Alltag und die Priorisierung von ausreichend Schlaf lässt sich die Regeneration optimieren und sowohl die körperliche als auch die geistige Leistungsfähigkeit fördern.

Gut zu wissen

Geistige Leistungsfähigkeit

Die geistige Leistungsfähigkeit hängt eng mit der Gesundheit des Darms zusammen. Ein gesunder Darm kann die Produktion von Neurotransmittern, die für die kognitive Funktion wichtig sind, positiv beeinflussen und so die Konzentration, das Gedächtnis und die allgemeine geistige Leistungsfähigkeit fördern.

Neuronaler Strukturen

Die Regeneration neuronaler Strukturen im Gehirn wird durch eine gesunde Darmfunktion unterstützt. Der Darm produziert wichtige Nährstoffe und Botenstoffe, die das Wachstum und die Reparatur von Nervenzellen fördern und so die kognitive Funktion und das emotionale Wohlbefinden verbessern.

Erholungszeit und Darm-Hirn-Einfluss

Korrelation zwischen Erholungszeit, Darmgesundheit und Stressniveau.

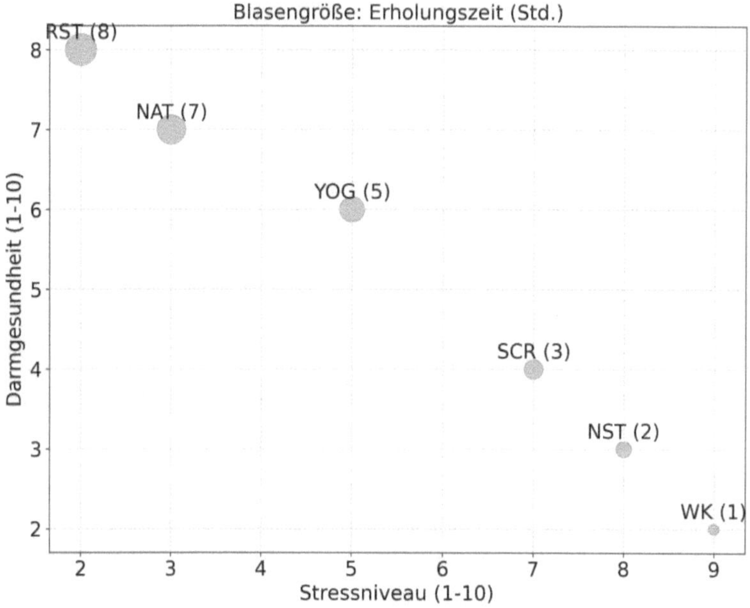

Blasengröße: Erholungszeit (Std.)

NAT: Naturwanderungen

NST: Kein Schlaf/Reisen

RST: Erholsamer Schlaf

SCR: Bildschirmzeit

WK: Intensive Arbeit

YOG: Yoga und Meditation

Längere Erholungsphasen korrelieren im Allgemeinen mit einer positiveren Auswirkung auf die Darmgesundheit, besonders wenn Stressniveaus gut gemanagt werden. Kürzere Erholungszeiten, besonders unter hohem Stress, scheinen sich negativ auf die Darmgesundheit auszuwirken. Dies deutet darauf hin, dass ausreichende Erholung eine entscheidende Rolle bei der Aufrechterhaltung einer gesunden Darm-Hirn-Verbindung spielt.

Konkrete Ratschläge

- Planen Sie täglich kleine Ruhephasen ein, in denen Sie sich ganz bewusst auf Ihren Atem konzentrieren und Ihren Bauchraum entspannen.
- Variieren Sie Ihre Ruhephasen: Mal ein stilles Verweilen, mal ein bewusstes Dehnen oder eine kurze Meditation.
- Nutzen Sie die Kraft der Natur: Verbringen Sie Ihre Regenerationszeit im Freien, um die Darm-Hirn-Achse durch frische Luft und Sonnenlicht positiv zu beeinflussen.
- Entwickeln Sie ein Ritual für den Tagesausklang: Ein warmes Fußbad mit beruhigenden Kräutern kann die Regeneration von Körper und Geist fördern.
- Schaffen Sie sich einen Ort der Ruhe: Richten Sie sich einen Platz ein, der nur der Entspannung dient und frei von Ablenkungen ist.
- Integrieren Sie achtsame Bewegung in Ihre Regenerationsphasen: Sanftes Yoga oder Qi Gong kann die Verdauung harmonisieren und das Nervensystem beruhigen.
- Hören Sie auf die Signale Ihres Körpers: Geben Sie sich die Erlaubnis, Ruhephasen einzulegen, sobald Sie Müdigkeit oder Stress verspüren.
- Verbinden Sie Ihre Regenerationsphasen mit positiven Sinneseindrücken: Beruhigende Musik, angenehme Düfte oder sanftes Licht können die Entspannung vertiefen.
- Reflektieren Sie über Ihre Regenerationsphasen: Was tut Ihnen besonders gut? Welche Rituale unterstützen Ihre Darmgesundheit und Ihr psychisches Wohlbefinden am besten?
- Experimentieren Sie mit verschiedenen Entspannungstechniken: Progressive Muskelentspannung, autogenes Training oder Fantasiereisen können helfen, Stress abzubauen und die Regeneration zu fördern.

Rückblick - 4. Psychische Gesundheit und Darmfunktion

Die enge Verbindung zwischen Darm und Gehirn beeinflusst Ihr psychisches und physisches Wohlbefinden maßgeblich. Eine ausgewogene Darmflora spielt dabei eine entscheidende Rolle, da sie die Produktion von Neurotransmittern wie Serotonin und GABA reguliert, die wiederum Ihre Stimmung, Ihren Schlaf und Ihren Appetit beeinflussen. Um diese Verbindung positiv zu gestalten, können Sie aktiv Einfluss auf Ihre Darmgesundheit und somit auf Ihr mentales Gleichgewicht nehmen. Ein erster Schritt liegt in der Optimierung Ihrer Essgewohnheiten. Integrieren Sie ballaststoffreiche Lebensmittel wie Vollkornprodukte, Obst, Gemüse und Hülsenfrüchte in Ihren Speiseplan. Diese fördern das Wachstum nützlicher Darmbakterien und unterstützen die Produktion kurzkettiger Fettsäuren, die die Serotoninsynthese anregen. Achten Sie außerdem auf eine ausreichende Zufuhr von Omega-3-Fettsäuren, die in fettem Fisch enthalten sind und reduzieren Sie den Konsum gesättigter Fette. Diese Ernährungsrichtlinien können Ihnen helfen, die Darm-Hirn-Achse positiv zu beeinflussen und Ihre emotionale Balance zu stärken.

Neben der Ernährung spielt Stressmanagement eine wichtige Rolle für Ihre Darmgesundheit. Chronischer Stress kann die Darmflora negativ beeinflussen und die Darmpermeabilität erhöhen, was zu Entzündungen und einer gestörten Kommunikation zwischen Darm und Gehirn führen kann. Um dem entgegenzuwirken, sollten Sie regelmäßig Entspannungstechniken in Ihren Alltag integrieren. Achtsamkeitsübungen, Yoga, Meditation oder progressive Muskelentspannung können Ihnen helfen, Stress abzubauen und Ihre Körperwahrnehmung zu verbessern. Finden Sie die Methode, die am besten zu Ihnen passt und praktizieren Sie diese regelmäßig, um langfristig von den positiven Effekten auf Ihre Darmgesundheit und Ihr psychisches Wohlbefinden zu profitieren. Scheuen Sie sich nicht, professionelle Unterstützung in Anspruch zu nehmen, beispielsweise durch eine kognitive Verhaltenstherapie, wenn Sie Schwierigkeiten haben, Stress selbstständig zu bewältigen.

Ergänzend zu einer ausgewogenen Ernährung und Stressmanagement ist regelmäßige Bewegung ein weiterer wichtiger Baustein für eine gesunde Darm-Hirn-Achse. Körperliche Aktivität fördert nicht nur die Durchblutung und die Verdauung, sondern beeinflusst auch die Zusammensetzung Ihrer Darmflora positiv. Integrieren Sie moderate Bewegungseinheiten wie Spaziergänge, Joggen, Schwimmen oder Yoga in Ihren Alltag. Schon 30 Minuten moderate Bewegung am Tag können einen spürbaren Unterschied machen. Darüber hinaus stimuliert Bewegung die Produktion von BDNF, einem Protein, das das Wachstum von Nervenzellen im Gehirn fördert und die kognitive Leistungsfähigkeit steigert. Achten Sie jedoch darauf, die Intensität und Dauer Ihres Trainings langsam zu steigern und Ihrem Körper ausreichend Erholungszeit zu gönnen, um Überlastung zu vermeiden.

Schließlich ist ausreichend und erholsamer Schlaf essentiell für die Regeneration Ihres Körpers und Ihres Geistes. Schlafstörungen können die Darm-Hirn-Kommunikation stören und zu hormonellen Ungleichgewichten führen. Achten Sie auf eine regelmäßige Schlafhygiene, indem Sie beispielsweise auf eine feste Schlafenszeit achten, Ihr Schlafzimmer abdunkeln und elektronische Geräte vor dem Schlafengehen vermeiden. Schaffen Sie sich eine entspannende Abendroutine, die Ihnen hilft, zur Ruhe zu kommen und sich auf den Schlaf vorzubereiten. Eine ausgewogene Ernährung, regelmäßige Bewegung und Entspannungstechniken können ebenfalls zu einer Verbesserung Ihrer Schlafqualität beitragen. Die Umsetzung dieser Empfehlungen mag zunächst herausfordernd erscheinen, doch mit Geduld und Ausdauer können Sie Ihre Darmgesundheit und Ihr psychisches Wohlbefinden nachhaltig stärken. Investieren Sie in Ihre Gesundheit – es lohnt sich!

5. Ganzheitliche Körper-Gehirn-Pflege

Haben Sie sich je gefragt, warum manche Menschen selbst im hohen Alter noch vital und geistig fit bleiben? Die Antwort liegt in der faszinierenden Wechselwirkung zwischen körperlicher Aktivität und mentaler Gesundheit. Moderne Forschung zeigt, dass unser Gehirn und unser Körper als Einheit funktionieren - was dem einen nutzt, stärkt auch das andere. Durch gezielte Pflege dieser Verbindung können wir unsere Lebensqualität nachhaltig verbessern. In diesem Kapitel entdecken Sie die wichtigsten Bausteine für ein ausgewogenes Körper-Gehirn-System und erfahren, wie Sie diese Erkenntnisse gewinnbringend in Ihren Alltag integrieren.

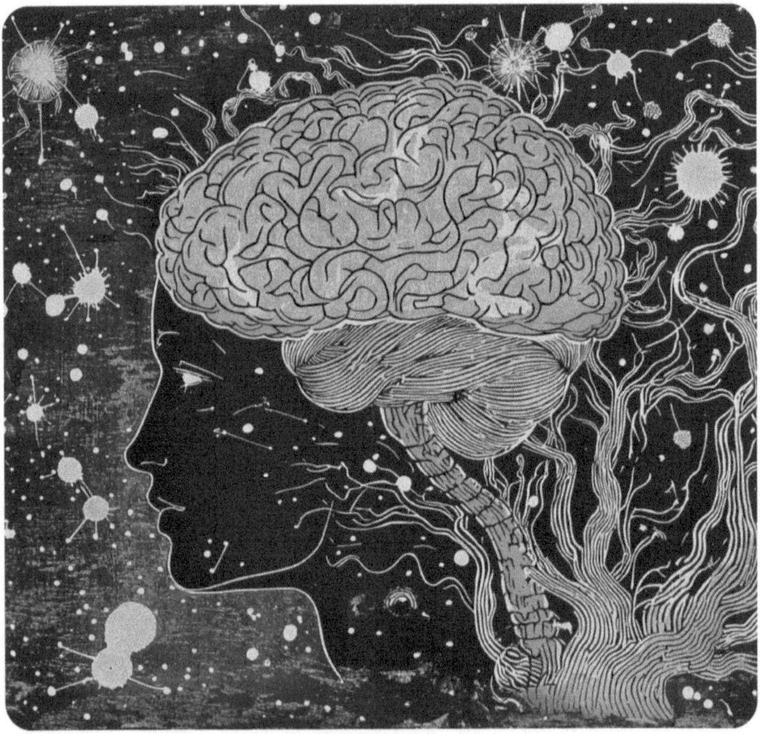

5. 1 Bewegungsintegration

Bewegungsintegration ist ein zentraler Bestandteil ganzheitlicher Körper-Gehirn-Pflege. Körperliche Aktivität beeinflusst nicht nur die Verdauung und Darmgesundheit, sondern wirkt sich auch positiv auf kognitive Funktionen und die neuronale Entwicklung aus. Die richtige Dosis und Art der Bewegung kann das Mikrobiom im Darm regulieren, Entzündungen reduzieren und die Produktion wichtiger Neurotransmitter fördern. Falsche Belastungen hingegen können das Gleichgewicht stören und zu gesundheitlichen Problemen führen. Entdecken Sie im Folgenden, wie gezielte Bewegung Ihre Darm-Hirn-Verbindung stärkt und Ihr Wohlbefinden nachhaltig steigert.

Bewegung, insbesondere koordinative Übungen wie Tanzen, fördert nicht nur die körperliche Fitness, sondern stärkt durch die Verbesserung des Zusammenspiels von Muskeln, Sinnesorganen und Gehirn auch die Darm-Hirn-Verbindung und somit die kognitive und emotionale Gesundheit.

Verdauungsfördernde Übungen

Körperliche Aktivität beeinflusst die Darmgesundheit und die Verdauung. Regelmäßiges Training wirkt sich positiv auf die Zusammensetzung der Darmflora (mikrobiota) aus und kann so die allgemeine Gesundheit des Verdauungssystems fördern [s133]. Bewegung, insbesondere bei geringer Intensität, kann die Zeit verkürzen, die Krankheitserreger mit der Darmschleimhaut in Kontakt sind. Dadurch sinkt möglicherweise das Risiko für bestimmte Erkrankungen wie Darmkrebs oder entzündliche Darmerkrankungen [s133]. Allerdings sollte die Intensität des Trainings beachtet werden: Übertreibungen können zu einer erhöhten Durchlässigkeit des Darms führen und so das Risiko für Magen-Darm-Probleme steigern [s133]. Ein moderates, langfristiges Training hingegen stärkt das Immunsystem, indem es die Produktion von Immunglobulin A (IgA) anregt und die nützlichen Bakterien im Darm unterstützt. Dies verbessert den Schutz vor Infektionen [s133]. Sportliche Betätigung fördert außerdem die Produktion kurzkettiger Fettsäuren (SCFAs) durch die Darmflora. Diese SCFAs sind wichtig für die Regulierung des Stoffwechsels und die Stärkung des Immunsystems [s133]. Hochintensives Training kann jedoch auch negative Auswirkungen auf die Darmflora haben. Es kann zu einem Ungleichgewicht (Dysbiose) führen, das Entzündungen im Darm begünstigt und die Gesundheit beeinträchtigt [s133]. Um die Darmflora während intensiver Trainingsphasen zu schützen und die Regeneration zu fördern, kann die zusätzliche Einnahme von probiotika und praebiotika sinnvoll sein [s133]. Ein ausgewogener Trainingsplan mit moderater Belastung und ausreichend Regenerationsphasen in Kombination mit einer gesunden Ernährung trägt somit wesentlich zu einer optimalen Verdauung und einem gesunden Darm bei. Anstatt jeden Tag ein hochintensives Training zu absolvieren, könnten Sie zu vergleichen mit einem Intervalltraining, an

zwei Tagen pro Woche moderat trainieren und an den restlichen Tagen leichte Bewegung wie Spaziergänge oder Yoga einbauen.

Wirkungsgrad verdauungsfördernder Übungen

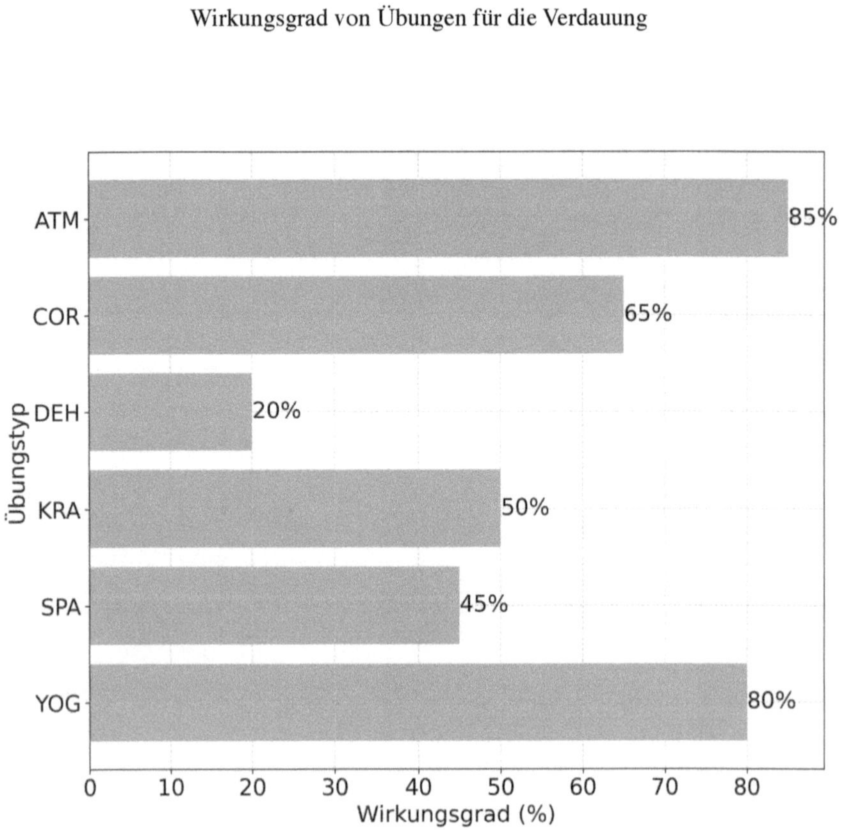

ATM: Atemübungen
COR: Core-Training
DEH: Dehnübungen
KRA: Krafttraining
SPA: Spaziergänge
YOG: Yoga

Das horizontale Balkendiagramm verdeutlicht den relativen Wirkungsgrad verschiedener Bewegungsarten zur Förderung der Verdauung. Yoga und Atemübungen zeigen den höchsten Wirkungsgrad, gefolgt von Spaziergängen. Dehnübungen und Core-Training haben eine moderate Wirkung, während Krafttraining den geringsten Einfluss auf die Verdauung hat.

Gehirnaktivierende Bewegung

Gehirnaktivierende Bewegung umfasst körperliche Aktivitäten, die die Kommunikation zwischen Darm und Gehirn positiv beeinflussen und dadurch kognitive Funktionen verbessern. Aerobe Aktivitäten, wie Laufen oder Schwimmen, wirken sich günstig auf die Zusammensetzung des Darmmikrobioms aus, indem sie die Vielfalt und Anzahl der Bakterien, insbesondere aus dem Firmicutes-Phylum, erhöhen [s134]. Diese mikrobiellen Veränderungen stehen in Zusammenhang mit einer verbesserten Darm- und Gehirnfunktion [s134]. Ein vielfältiges Mikrobiom produziert eine größere Bandbreite an Stoffwechselprodukten, darunter kurzkettige Fettsäuren (SCFAs), die als Energiequelle für die Darmschleimhaut dienen und Entzündungsprozesse regulieren. SCFAs wie Butyrat können die Blut-Hirn-Schranke überwinden und im Gehirn neuroprotektive Effekte entfalten, indem sie beispielsweise die Produktion von Wachstumsfaktoren anregen, die für das Überleben von Neuronen wichtig sind. Regelmäßiges aerobes Training könnte somit durch die positive Modulation des Darmmikrobioms zu einer verbesserten kognitiven Leistungsfähigkeit, einer gesteigerten Stimmung und einem reduzierten Risiko für neurodegenerative Erkrankungen beitragen. Zusätzlich beeinflusst Bewegung die serotoninregulation, ein Neurotransmitter, der eine wichtige Rolle bei der Stimmungsregulation

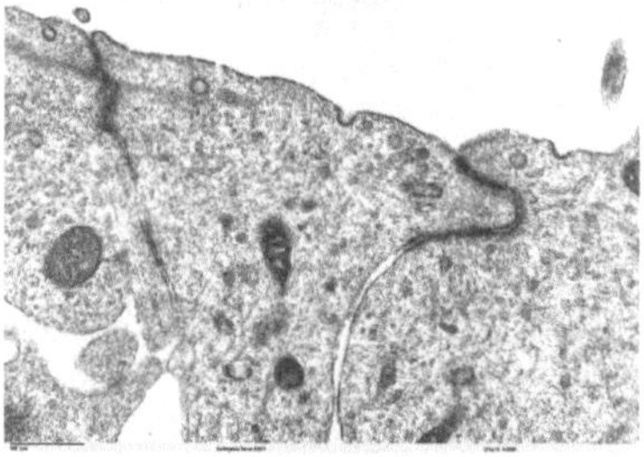

Blut-Hirn-Schranke [i44]

Darmmikrobiom [i45]

und der Stressbewältigung hat [s134]. Ein Spaziergang im Park, kombiniert mit bewusster Atmung, kann so nicht nur die körperliche Fitness, sondern auch die mentale Gesundheit fördern. Der durch Bewegung induzierte Anstieg des Serotoninspiegels kann stressbedingte Symptome, wie Angstzustände und depressive Verstimmungen, lindern und das allgemeine Wohlbefinden steigern. Die Integration von regelmäßiger Bewegung in den Alltag stellt somit eine wirksame Strategie dar, um die Darm-Hirn-Achse positiv zu beeinflussen und sowohl die körperliche als auch die geistige Gesundheit zu optimieren.

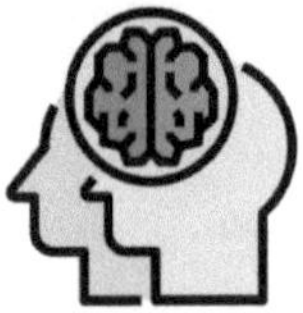

Gut zu wissen

Aerobe Aktivitäten

Bewegungsformen wie Laufen, Schwimmen oder Radfahren, die die Sauerstoffaufnahme erhöhen und die Darmgesundheit positiv beeinflussen können, indem sie das Wachstum nützlicher Bakterien fördern und die Produktion von kurzkettigen Fettsäuren anregen, welche wiederum die Gehirnfunktion unterstützen.

Firmicutes-Phylum

Eine Gruppe von Bakterien, die häufig im menschlichen Darm vorkommt und durch aerobe Aktivitäten positiv beeinflusst werden kann. Ein erhöhter Anteil an Firmicutes steht im Zusammenhang mit einer verbesserten Darmgesundheit und kann die Produktion von kurzkettigen Fettsäuren fördern, die wiederum die Gehirnfunktion unterstützen.

Neuroprotektiv

Bezeichnet die schützende Wirkung auf Nervenzellen. Bewegung kann durch die Förderung von Stoffwechselprodukten im Darm, wie Butyrat, neuroprotektive Effekte im Gehirn auslösen und so zu einem verringerten Risiko für neurodegenerative Erkrankungen beitragen.

Gehirnaktivierung durch Bewegung

Korrelation zwischen Bewegungsintensität und Gehirnaktivierung in Bezug auf die Darm-Hirn-Achse.

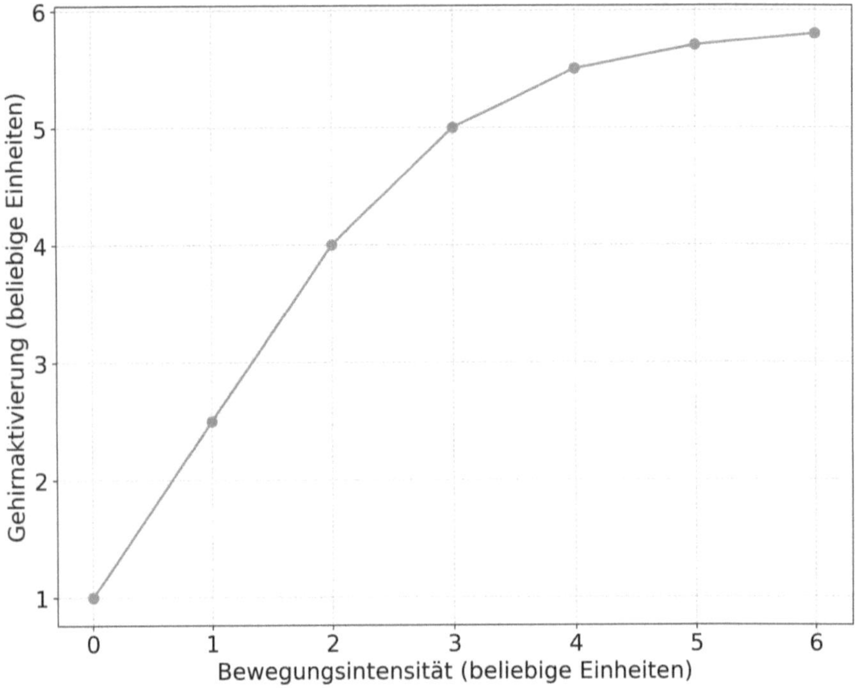

Die Daten deuten auf eine positive Korrelation zwischen Bewegungsintensität und Gehirnaktivierung in Bereichen hin, die mit der Darm-Hirn-Achse verbunden sind. Verstärkte Bewegung scheint diese Hirnregionen zu stimulieren, was möglicherweise die Darmfunktion und das allgemeine Wohlbefinden beeinflusst. Allerdings erreicht die Aktivierung ab einer bestimmten Intensität ein Plateau, was auf einen optimalen Bereich für positive Effekte hindeutet.

Koordinationsförderung

Koordinationsförderung wirkt sich positiv auf die körperliche und geistige Gesundheit aus und spielt eine wichtige Rolle in der Entwicklung und im Erhalt neurologischer Funktionen. Sie beeinflusst die Feinabstimmung komplexer Bewegungsabläufe und fördert das Zusammenspiel von Muskeln, Sinnesorganen und Gehirn. Dieses Zusammenspiel ist nicht nur für alltägliche Aktivitäten wie Gehen, Greifen oder Schreiben unerlässlich, sondern auch für sportliche Leistungen und künstlerische Ausdrucksformen wie Tanzen. [s135] Tanzen beispielsweise verlangt eine hohe intermuskuläre Koordination, also das präzise Zusammenspiel verschiedener Muskelgruppen, um flüssige und harmonische Bewegungen auszuführen. Gleichzeitig fördert es die intramuskuläre Koordination, die Steuerung der einzelnen Muskelfasern innerhalb eines Muskels, um Kraft und Ausdauer zu optimieren. Darüber hinaus stärkt Tanzen die sensorische Integration, die Fähigkeit des Gehirns, Informationen aus verschiedenen Sinnesorganen wie Augen, Ohren und Gleichgewichtsorgan zu verarbeiten und in koordinierte Bewegungen umzusetzen. So kann regelmäßiges Tanztraining nicht nur die körperliche Fitness verbessern, sondern auch die kognitiven Fähigkeiten und das emotionale Wohlbefinden positiv beeinflussen. Die neuronale Synchronität, die durch Tanz gefördert wird, spiegelt die effiziente Kommunikation zwischen verschiedenen Gehirnarealen wider. Diese verbesserte Kommunikation kann sich in einer gesteigerten Konzentrationsfähigkeit, einem besseren Gedächtnis und einer erhöhten Stressresistenz äußern. [s135] Auch bei Kindern mit idiopathischem Zehenlaufen, einer Gangstörung, bei der die Kinder vorwiegend auf den Zehenspitzen gehen, könnte die Koordinationsförderung eine wichtige therapeutische Rolle spielen. [s136] Hier wird vermutet, dass eine dysbiose der Darmmikrobiota, eine Störung des Gleichgewichts der Darmbakterien, die Produktion von Neurotransmittern beeinflusst, die für die motorische Kontrolle wichtig sind. Durch gezielte Maßnahmen zur Wiederherstellung einer gesunden Darmflora, wie eine angepasste Ernährung und regelmäßige Bewegung, könnte die motorische Entwicklung positiv beeinflusst und das Zehenlaufen reduziert werden. [s136] Die motorische Entwicklung von Kindern ist eng mit der sensorischen Verarbeitung und der Koordination verbunden, die durch die Mikrobiota beeinflusst werden können. Eine ausgewogene Darmflora kann die Entwicklung des Nervensystems und die Reifung der motorischen Fähigkeiten unterstützen. So wirkt sich eine ganzheitliche Betrachtung von Ernährung, Bewegung und Darmgesundheit positiv auf die Koordinationsfähigkeit und das allgemeine Wohlbefinden aus.

Auswirkungen von Bewegung auf die Darm-Hirn-Verbindung

Auswirkungen verschiedener Übungen auf Darmmotilität und Stimmung, kategorisiert nach Intensität.

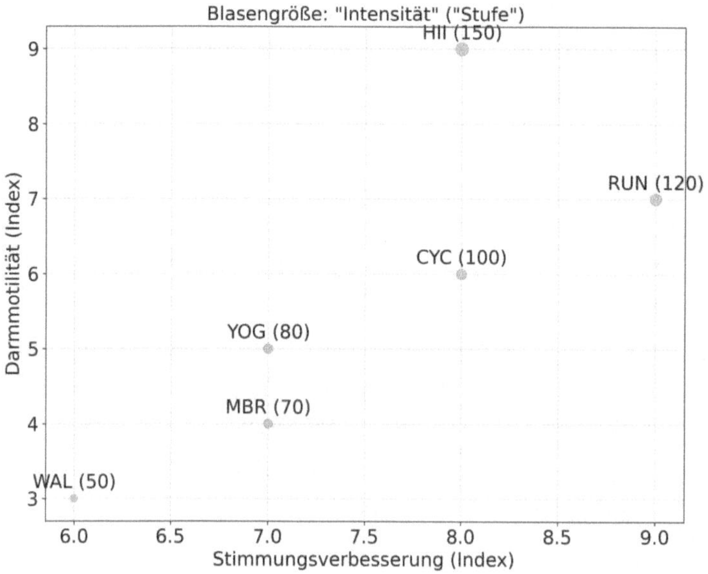

Blasengröße: Intensität (Stufe)

CYC: Radfahren und Schwimmen

HII: Hochintensives Intervalltraining

MBR: Körper-Geist-Entspannung

RUN: Laufen und Joggen

WAL: Gehen und Dehnen

YOG: Yoga und Pilates

Hochintensive Übungen zeigen eine starke positive Wirkung sowohl auf die Stimmung als auch auf die Darmmotilität, möglicherweise aufgrund des erhöhten Blutflusses und der Stimulation des Vagusnervs. Übungen mit niedriger Intensität verbessern ebenfalls die Stimmung, zeigen aber eine geringere Wirkung auf die Darmmotilität. Körper-Geist-Übungen zeigen eine signifikante positive Wirkung auf die Stimmung und eine moderate Wirkung auf die Darmmotilität, was auf eine starke Verbindung zwischen mentalem Wohlbefinden und Verdauungsgesundheit hinweist. Insgesamt scheint regelmäßige körperliche Aktivität, unabhängig von der Intensität, vorteilhaft für die Darm-Hirn-Verbindung zu sein.

Konkrete Ratschläge

- Verbinden Sie alltägliche Bewegungen mit bewusster Atmung, um die Darm-Hirn-Verbindung zu stärken.
- Integrieren Sie "instabile" Oberflächen wie ein Balance-Kissen oder eine Wippe in Ihren Alltag, um Ihre Koordinationsfähigkeit spielerisch zu fordern und die neuronale Vernetzung zu fördern.
- Tanzen Sie beim Kochen oder Zähneputzen – nutzen Sie alltägliche Situationen für rhythmische Bewegungen, die Ihre Koordination und Stimmung verbessern.
- Gehen Sie barfuß über verschiedene Untergründe wie Gras, Sand oder Kieselsteine, um die Fußmuskulatur zu stärken und die sensorische Wahrnehmung zu fördern.
- Balancieren Sie beim Warten an der Bushaltestelle oder beim Telefonieren auf einem Bein, um Ihr Gleichgewicht zu trainieren und die Körperwahrnehmung zu schärfen.
- Jonglieren Sie mit Bällen oder Tüchern, um Ihre Hand-Augen-Koordination und Ihre Konzentrationsfähigkeit zu verbessern.
- Bewegen Sie sich beim Lesen oder Fernsehen auf einem Gymnastikball, um Ihre Körperhaltung zu dynamisieren und die Tiefenmuskulatur zu aktivieren.
- Erlernen Sie eine neue Bewegungsform wie Tai-Chi oder Slacklining, um Ihre Koordinationsfähigkeit herauszufordern und neue neuronale Verbindungen zu schaffen.
- Bauen Sie kleine Gleichgewichtsübungen in Ihren Alltag ein, indem Sie beispielsweise beim Zähneputzen auf einem Bein stehen.

5. 2 Stoffwechseloptimierung

Stoffwechseloptimierung ist ein zentraler Bestandteil ganzheitlicher Körper-Gehirn-Pflege. Ein funktionierender Stoffwechsel beeinflusst Energiebereitstellung, Nährstoffaufnahme und Entgiftungsprozesse, die eng mit der Darmgesundheit und der Zusammensetzung des Mikrobioms verknüpft sind. Dysbalancen können zu vielfältigen Problemen, von Energiemangel bis zu Stoffwechselerkrankungen, führen. Erfahren Sie in diesem Kapitel, wie Sie Ihren Stoffwechsel durch gezielte Maßnahmen positiv beeinflussen und Ihre Gesundheit nachhaltig stärken.

Eine gesunde Darmflora, insbesondere durch eine ballaststoffreiche Ernährung gefördert, ist der Schlüssel zur Stoffwechseloptimierung, da sie die Energiebereitstellung, Nährstoffaufnahme und Entgiftungsprozesse im Körper positiv beeinflusst.

Entgiftungsunterstützung

Die Unterstützung der körpereigenen Entgiftungsprozesse konzentriert sich maßgeblich auf die Gesundheit des Darms und der Leber. Im Darm spielen Ballaststoffe eine entscheidende Rolle. Sie dienen als Nahrung für die Darmbakterien (Mikrobiota) und fördern so deren Wachstum und Vielfalt [s137] [s138] [s139]. Durch die Fermentation der Ballaststoffe produzieren die Bakterien kurzkettige Fettsäuren wie butyrat, propionat und Acetat, die wiederum den Energiestoffwechsel und die Appetitkontrolle regulieren [s137] [s139]. Eine ballaststoffreiche Ernährung, wie sie etwa durch die DASH-Diät erreicht wird, mit viel Obst, Gemüse und Vollkornprodukten, kann so das Risiko für Stoffwechselerkrankungen und Herz-Kreislauf-Probleme senken [s138] [s139]. Neben Ballaststoffen unterstützen auch Polyphenole, die in vielen pflanzlichen Lebensmitteln vorkommen, die Gesundheit der Darmmikrobiota, indem sie das Wachstum nützlicher Bakterien fördern [s138]. Ein Mix aus löslichen und unlöslichen Ballaststoffen stabilisiert den Blutzuckerspiegel und wirkt sich positiv auf die Darmgesundheit aus [s140]. Neben einer ballaststoffreichen Ernährung kann auch eine vegane Ernährung die Darmgesundheit positiv beeinflussen, indem sie das Wachstum nützlicher Bakterien fördert und die Produktion von kurzkettigen Fettsäuren erhöht [s138]. Die Leber, als zentrales Entgiftungsorgan, profitiert von einer reduzierten Fructose- und Zuckerzufuhr sowie ausreichend Flüssigkeitszufuhr [s140]. Die Reduktion von Umweltgiften entlastet die Leber zusätzlich und kann die Insulinempfindlichkeit verbessern [s140].

Die Mikrobiota im Darm metabolisiert nicht nur Ballaststoffe, sondern auch phytochemikalien wie Polyphenole und modifiziert Gallensäuren, was Auswirkungen auf die Verdauung und den Stoffwechsel hat [s137]. probiotika und praebiotika können gezielt eingesetzt werden, um die Darmflora zu modulieren und das Wachstum nützlicher Bakterien zu fördern [s141]. Probiotika, die in fermentierten

Lebensmitteln wie Joghurt oder Sauerkraut vorkommen, können die Mikrobiota ausgleichen, während Präbiotika, die in Lebensmitteln wie Zwiebeln, Knoblauch und Bananen enthalten sind, das Wachstum nützlicher Bakterien stimulieren [s138] [s141].

Entgiftungs-Unterstützungswege

Verteilung der Entgiftungswege mit Einfluss auf die Darm-Hirn-Achse.

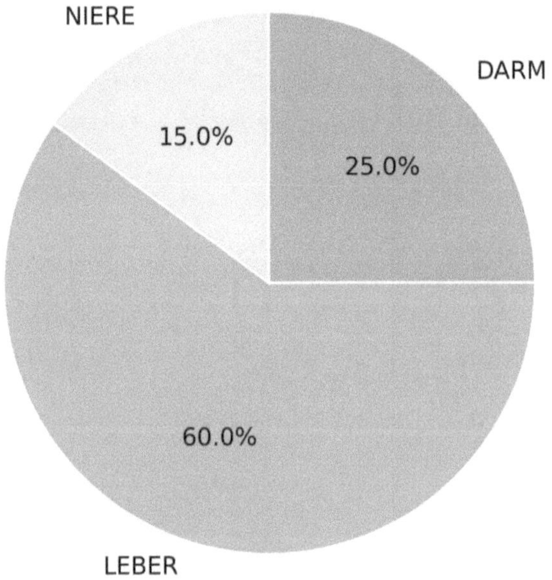

- DARM: Darm (Mikrobiom und Ausscheidung)
- LEBER: Leber (Phase I und II)
- NIERE: Nieren (Filtration und Ausscheidung)

Diese Grafik zeigt die Verbundenheit der Entgiftungswege. Während die Leber eine dominante Rolle spielt, tragen auch Darm und Nieren wesentlich zur Gesamtentgiftung bei. Die ganzheitliche Unterstützung dieser Wege kann entscheidend für eine optimale Darm-Hirn-Gesundheit sein. Ein Ungleichgewicht in diesen Wegen kann sich auf verschiedene Arten manifestieren und sowohl das körperliche als auch das geistige Wohlbefinden beeinflussen.

Nährstoffaufnahme verbessern

Die Effizienz der Nährstoffaufnahme hängt stark von der komplexen Interaktion zwischen Darm, Mikrobiota und Nervensystem ab. Die im Darm angesiedelten Mikroorganismen produzieren nicht nur kurzkettige Fettsäuren, sondern auch neurotransmitter wie Serotonin, die über den Vagusnerv, eine wichtige Kommunikationsachse zwischen Darm und Gehirn, die Nährstoffaufnahme regulieren [s142]. Diese Regulation geschieht auch durch die direkte Kommunikation der Mikrobiota mit dem enterischen Nervensystem, welches ebenfalls mit dem zentralen Nervensystem verbunden ist [s142]. Neben der Produktion von Neurotransmittern beeinflusst die Darmflora auch die metabolische Umwandlung von Polyphenolen, was deren Bioverfügbarkeit und damit die Aufnahme dieser wertvollen Mikronährstoffe erhöht [s143]. Die Struktur der Polyphenole und die Zusammensetzung der Mikrobiota beeinflussen dabei die Abbaurate und die gesundheitlichen Vorteile [s143]. Auch Getränke wie Kaffee können die Nährstoffaufnahme beeinflussen. Kaffee wirkt unter anderem antioxidativ und entzündungshemmend auf die Darmschleimhaut und beeinflusst die Darmmotilität, was sich wiederum auf die Nährstoffaufnahme auswirken kann [s144]. Darüber hinaus verändert Kaffee die Zusammensetzung der Darmflora, ein weiterer Faktor, der die Nährstoffaufnahme moduliert [s144]. Die Zubereitungsart des Kaffees beeinflusst dabei die vorhandenen bioaktiven

Verbindungen und deren Effekte [s144]. Die Stimulation des Vagusnervs selbst kann die Nährstoffaufnahme und den Stoffwechsel durch die Regulierung verschiedener Hormone beeinflussen, die unter anderem Nahrungsaufnahme, Magenentleerung und langfristige Gewichtskontrolle steuern [s145]. Praktiken wie Meditation oder Yoga können den Vagalton erhöhen und so die Nährstoffaufnahme und die Stoffwechselregulation positiv beeinflussen [s145]. Die Interaktion zwischen Mikrobiota und Ernährung ist entscheidend für die Nährstoffaufnahme und die Signalübertragung zwischen Darm und Gehirn, die wiederum die Energiehomöostase reguliert [s146]. Auch der Zeitpunkt der Nahrungsaufnahme beeinflusst die Mikrobiota und deren Stoffwechselaktivität, was sich auf die Nährstoffaufnahme und das Sättigungsgefühl auswirkt [s146].

Optimierung der Nährstoffaufnahme und des Stoffwechsels

Aufschlüsselung der Faktoren, die die Gehirn-Darm-Verbindung beeinflussen

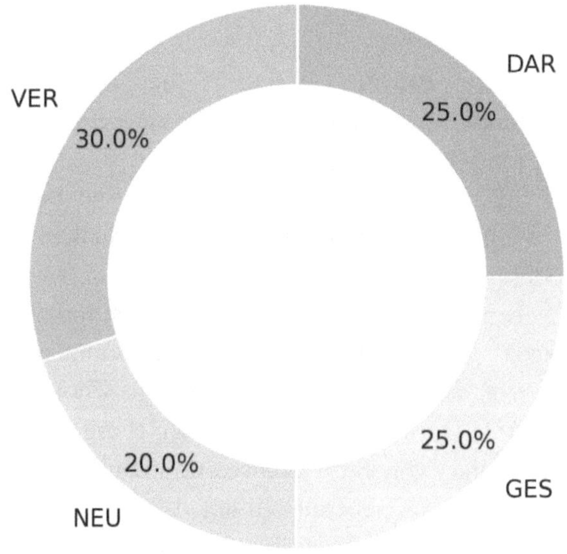

DAR: Optimierte Verdauung
GES: Gesundes Darmmikrobiom
NEU: Effiziente Neuronale Kommunikation
VER: Ausgewogene Ernährung

Während eine ausgewogene Ernährung (VER) eine wichtige Rolle spielt, ist eine optimierte Verdauung (DAR) entscheidend für die Bioverfügbarkeit von Nährstoffen. Ein gesundes Darmmikrobiom (GES) verbessert zusätzlich die Nährstoffaufnahme und die Produktion wichtiger Neurotransmitter. Schließlich sorgt eine effiziente neuronale Kommunikation (NEU) dafür, dass diese Vorteile das Gehirn erreichen, was die Verbundenheit dieser Faktoren bei der Unterstützung der kognitiven Funktion und des allgemeinen Wohlbefindens unterstreicht.

Energiebereitstellung

Die Energiebereitstellung des Körpers ist eng mit der Darmgesundheit und der Zusammensetzung der Darmflora verknüpft. Kurzkettige Fettsäuren (SCFAs), die durch die bakterielle fermentation von Ballaststoffen im Dickdarm entstehen, dienen den Darmzellen als primäre Energiequelle und beeinflussen den Stoffwechsel des gesamten Organismus [s147] [s148]. SCFAs, insbesondere Butyrat, Propionat und Acetat, wirken als Signalmoleküle und interagieren mit Rezeptoren im Darm, die wiederum Hormone ausschütten, welche Appetit und Insulinempfindlichkeit steuern [s148]. So kann eine ballaststoffreiche Ernährung, etwa mit Vollkornprodukten, Hülsenfrüchten und Gemüse, die SCFA-Produktion fördern und den Energiestoffwechsel positiv beeinflussen. Neben der Regulation des Appetits modulieren SCFAs auch den Glukose- und Lipidstoffwechsel. Sie hemmen die Lipolyse, also den Abbau von Fettgewebe und fördern die Cholesterinaufnahme in der Leber [s148]. Diese Effekte tragen zur energiehomoeostase bei und können das Risiko von Stoffwechselerkrankungen reduzieren. Ein weiterer Aspekt der Energiebereitstellung betrifft die Darmbarriere. SCFAs stärken die Integrität dieser Barriere und schützen so vor dem Eindringen schädlicher Substanzen, die Entzündungen und Stoffwechselstörungen hervorrufen können [s147] [s148]. Eine intakte Darmbarriere optimiert die Nährstoffaufnahme und verhindert eine Dysbiose – ein Ungleichgewicht der Darmflora –, die die Energiebereitstellung negativ beeinflussen kann [s147]. Die individuelle Zusammensetzung der Darmflora spielt eine entscheidende Rolle bei der Nutzung der Energie aus der Nahrung [s149]. Daher können personalisierte Ernährungspläne, die die individuelle mikrobiota-Zusammensetzung berücksichtigen, die Energiebereitstellung optimieren.

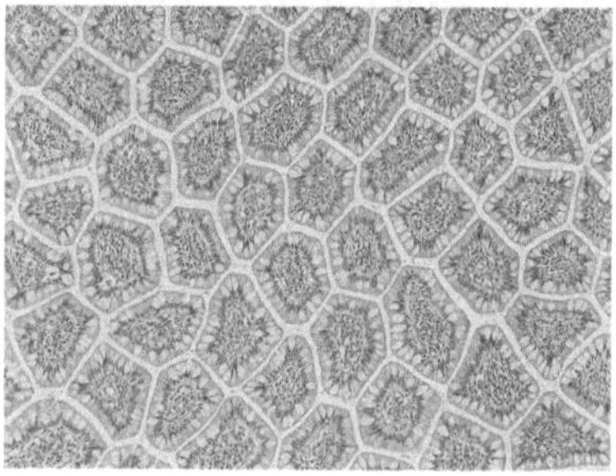

Darmzotten [i46]

Energiequellen für die Gehirnfunktion

Einfluss der Darm-Hirn-Achse auf die Energieversorgung

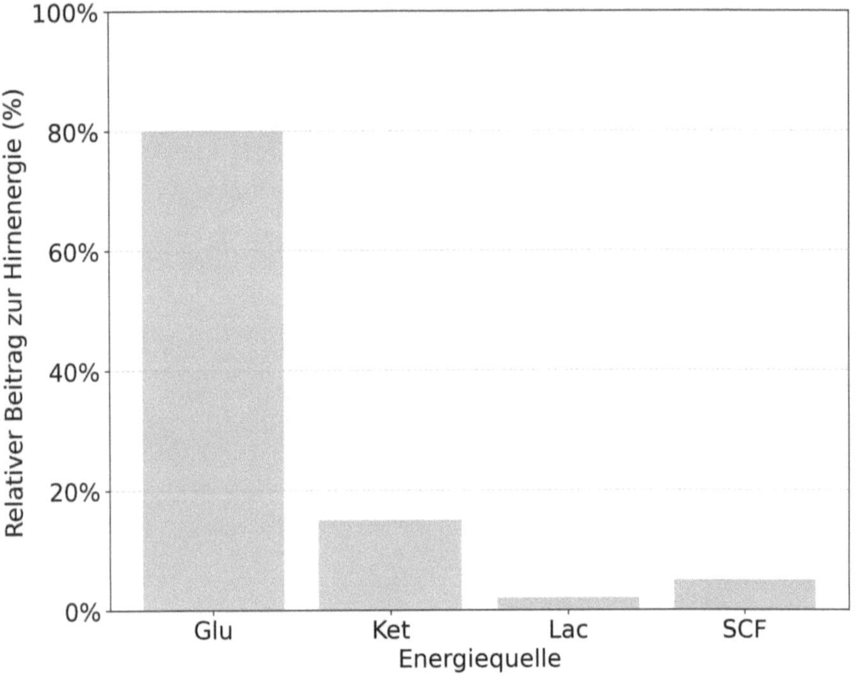

Glu: Glukose

Ket: Ketone

Lac: Laktat

SCF: SCFA (z.B. Butyrat)

Das Gehirn ist unter normalen Bedingungen stark auf Glukose als primäre Energiequelle angewiesen. Ketone bieten einen alternativen Energieweg, der besonders während Fastenzeiten oder bei geringer Kohlenhydrataufnahme relevant ist. Das Darmmikrobiom kann die Verfügbarkeit und Verwertung sowohl von Glukose als auch von Ketonen beeinflussen, was die Verbundenheit der Darm-Hirn-Achse bei der Aufrechterhaltung eines optimalen Hirnenergiestoffwechsels unterstreicht. Schwankungen im Spiegel der kurzkettigen Fettsäuren (SCFA) deuten auf eine mögliche Rolle des Darmmikrobioms bei der Modulation der Hirnenergie-Homöostase hin.

Konkrete Ratschläge

- Steigern Sie Ihre Stoffwechselaktivität durch wechselnde Temperaturreize, wie Wechselduschen oder Saunagänge.
- Trinken Sie morgens ein Glas lauwarmes Wasser mit frisch gepresstem Zitronensaft und einer Prise Cayennepfeffer, um Ihren Stoffwechsel anzukurbeln.
- Integrieren Sie bittere Lebensmittel wie Chicorée oder Rucola in Ihre Ernährung, um die Produktion von Verdauungssäften anzuregen und den Stoffwechsel zu fördern.
- Kauen Sie Ihre Nahrung besonders gründlich, um die Nährstoffaufnahme und den Stoffwechsel zu optimieren.
- Essen Sie proteinreiche Lebensmittel zu jeder Mahlzeit, um den thermogenen Effekt der Nahrung zu nutzen und Ihren Stoffwechsel anzukurbeln.
- Trinken Sie grünen Tee, um die Fettverbrennung und den Stoffwechsel zu fördern.
- Bewegen Sie sich regelmäßig an der frischen Luft, um Ihren Stoffwechsel und Ihre Energieproduktion zu steigern.
- Experimentieren Sie mit Intervallfasten, um Ihren Stoffwechsel zu aktivieren und die Zellerneuerung zu fördern.
- Achten Sie auf eine ausreichende Jodversorgung, da Jod für die Produktion von Schilddrüsenhormonen essentiell ist, die den Stoffwechsel regulieren.
- Verbringen Sie Zeit in der Sonne, um die Vitamin-D-Produktion anzuregen, die ebenfalls den Stoffwechsel beeinflusst.
- Lernen Sie, Ihre individuellen Stoffwechselsignale zu deuten und passen Sie Ihre Ernährung und Lebensweise entsprechend an.

5. 3 Präventionsstrategien

Präventionsstrategien bilden einen zentralen Bestandteil ganzheitlicher Körper-Gehirn-Pflege. Ungleichgewichte im Mikrobiom, chronische Erkrankungen und neuronale Auffälligkeiten können die Darm-Hirn-Verbindung beeinträchtigen und weitreichende Folgen für die Gesundheit haben. Die Früherkennung von Risikofaktoren und die Umsetzung individueller Maßnahmen sind daher essenziell. Dieser Abschnitt beleuchtet die Bedeutung regelmäßiger Gesundheitschecks, das frühzeitige Erkennen von Warnsignalen und konkrete Vorsorgemaßnahmen für eine gesunde Darm-Hirn-Achse. Erfahren Sie, wie Sie Ihre Gesundheit aktiv beeinflussen und langfristig schützen können.

Ganzheitliche Prävention für die Darm-Hirn-Gesundheit erfordert die Kombination aus regelmäßigen Gesundheitschecks, frühzeitigem Erkennen von Körpersignalen und der Umsetzung eines präventiven Lebensstils, der sowohl medizinische Maßnahmen als auch gesunde Lebensgewohnheiten berücksichtigt.

Regelmäßige Gesundheitschecks

Regelmäßige Gesundheitschecks bilden die Grundlage für die Früherkennung und das Management von Risikofaktoren, die die Gehirn-Darm-Verbindung beeinflussen. Ein besonderes Augenmerk liegt dabei auf der Kontrolle von chronischen Erkrankungen wie Bluthochdruck, Diabetes und erhöhten Cholesterinwerten. Jährliche Arztbesuche ermöglichen die frühzeitige Identifizierung von Bluthochdruck, selbst wenn noch keine spürbaren Symptome auftreten [s150]. Dies ist insofern relevant, als Bluthochdruck zu Schlaganfällen führen und die kognitive Gesundheit beeinträchtigen kann [s150] [s151]. Die regelmäßige Überwachung des Blutzuckerspiegels mittels A1C-Test, der den Durchschnittswert der letzten drei Monate widerspiegelt, ist ein weiterer wichtiger Bestandteil der Gesundheitsvorsorge [s152]. Ergänzend dazu liefern regelmäßige Cholesterinmessungen wertvolle Informationen zur Beurteilung und Minimierung des Risikos für Herzerkrankungen [s152]. Diese Checks dienen nicht nur der Früherkennung, sondern bieten auch die Möglichkeit, individuell angepasste Strategien zur Behandlung und Prävention zu entwickeln. So können beispielsweise bei Bedarf medikamentöse Therapien zur Regulierung von Blutzucker, Blutdruck und Cholesterin eingeleitet werden [s152]. Zusätzlich bieten Gesundheitschecks die Chance, die Auswirkungen der Ernährung und des Mikrobioms auf die psychische Gesundheit zu beobachten und gegebenenfalls anzupassen [s153]. Eine Ernährungsumstellung mit verstärkter Aufnahme von Fisch und Omega-3-Fettsäuren kann präventiv gegen Angstzustände und Depressionen wirken [s153]. Auch die Integration von Probiotika, Präbiotika, Synbiotika und postbiotischen Ansätzen in die Gesundheitschecks bietet Potenzial zur Verbesserung der psychischen Gesundheit [s153]. Ein Beispiel hierfür ist die Einnahme von probiotischen Joghurts, um die Darmflora positiv zu beeinflussen. Darüber hinaus könnten fäkale Mikrobiota-Transplantationen zukünftig eine vielversprechende Behandlungsmethode für Angstzustände und Depressionen darstellen und sollten daher in präventive Gesundheitsstrategien mit einbezogen werden [s153]. Die Regulierung von 5-Hydroxytryptophan (5-HTP) spielt ebenfalls eine Rolle bei der Prävention und Behandlung dieser Erkrankungen [s153]. Neben medizinischen Maßnahmen sind gesunde Lebensgewohnheiten, insbesondere eine ausgewogene Ernährung und regelmäßige Bewegung, für die Kontrolle von Diabetes und die Herzgesundheit unerlässlich [s152].

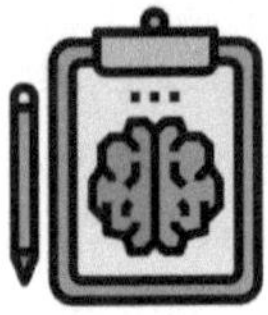

Gut zu wissen

Chronische Erkrankungen

Chronische Erkrankungen wie Diabetes oder Bluthochdruck können die Darmgesundheit und damit die Gehirn-Darm-Verbindung negativ beeinflussen. Eine sorgfältige Behandlung dieser Erkrankungen ist wichtig, um Entzündungen im Darm zu reduzieren und die Nährstoffaufnahme zu optimieren, was sich positiv auf die Gehirnfunktion auswirken kann.

Fäkale Mikrobiota-Transplantation

Bei einer fäkalen Mikrobiota-Transplantation wird Stuhl von einem gesunden Spender in den Darm eines Patienten übertragen, um die Darmflora wiederherzustellen. Diese Methode kann bei schweren Darmerkrankungen helfen und die Gehirn-Darm-Verbindung positiv beeinflussen.

Hypothetische Darm-Gehirn-Gesundheitsmarker im Zeitverlauf

Korrelation zwischen Darmgesundheit und kognitiver Funktion im Zeitverlauf mit regelmäßigen Untersuchungen.

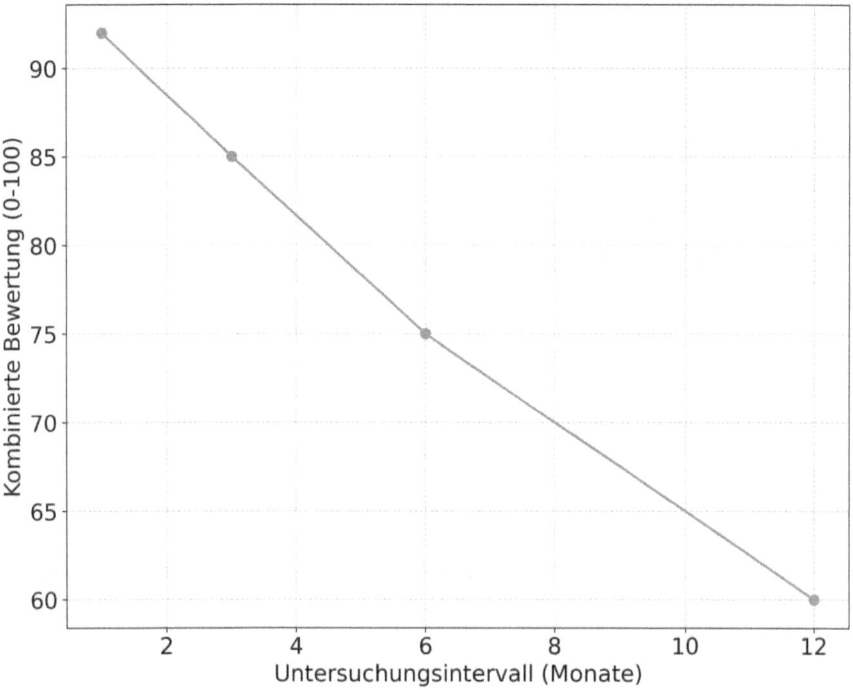

Die Daten deuten auf eine positive Korrelation zwischen regelmäßigen Darmgesundheitsuntersuchungen und verbesserter kognitiver Funktion hin. Häufigere Überwachung und Interventionen scheinen zu besseren Gesamtergebnissen der Gehirn-Darm-Gesundheit zu führen und unterstreichen die Bedeutung präventiver Maßnahmen.

Frühwarnsignale erkennen

Die aufmerksame Beobachtung von Körpersignalen ist für die Prävention von Erkrankungen, die die Gehirn-Darm-Achse betreffen, unerlässlich. Dabei gilt es, sowohl auf Veränderungen im Verdauungstrakt als auch auf neurologische Auffälligkeiten zu achten. Autonome Veränderungen, etwa im Magen-Darm-Trakt, können frühe Indikatoren für spätere motorische Störungen sein [s154]. Ein Beispiel hierfür wäre eine anhaltende Verstopfung, die lange vor dem Auftreten von Tremor, einem charakteristischen Symptom der Parkinson-Krankheit, beobachtet werden kann. Solche frühen Anzeichen sollten Anlass für weitere Untersuchungen geben. Die chronische Belastung durch Schwermetalle aus Umwelt und Ernährung kann sowohl das Verdauungssystem als auch das Mikrobiom beeinträchtigen und in der Folge das zentrale Nervensystem schädigen [s154]. Hier ist eine genaue Analyse der Ernährungsgewohnheiten und des Lebensumfeldes hilfreich, um potenzielle Belastungen zu identifizieren und zu minimieren. Ein Ungleichgewicht der Darmflora (Dysbiose) steht in engem Zusammenhang mit der Parkinson-Krankheit und unterstreicht die wechselseitige Kommunikation zwischen Darm und Gehirn [s154]. Die gezielte Beeinflussung des Mikrobioms könnte daher zukünftig eine therapeutische Option zur Reduktion von neurologischem Stress bieten. Neben gastrointestinalen Symptomen sind auch Anzeichen von chronischen Entzündungen im Körper relevant. Diese können, wie Studien zeigen, zur Entstehung von Alzheimer beitragen [s155]. Eine Ernährung reich an antioxidantien und entzündungshemmenden Nährstoffen kann dazu beitragen, das Risiko chronischer Entzündungen zu senken und somit die Gehirngesundheit positiv zu beeinflussen.

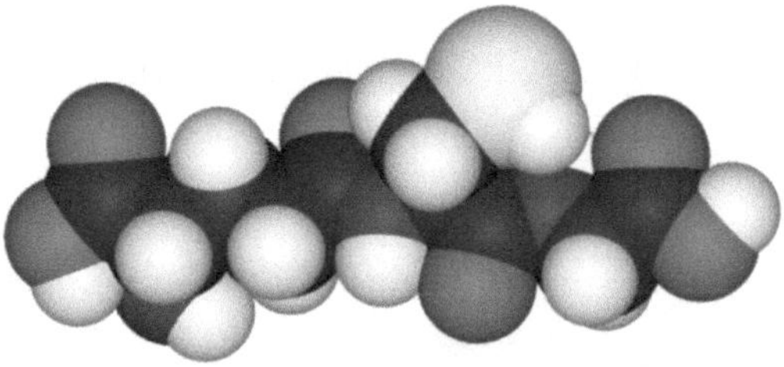

Antioxidantien [i47]

Frühwarnsignale der Gehirn-Darm-Achse

Häufigkeit von Frühwarnsignalen

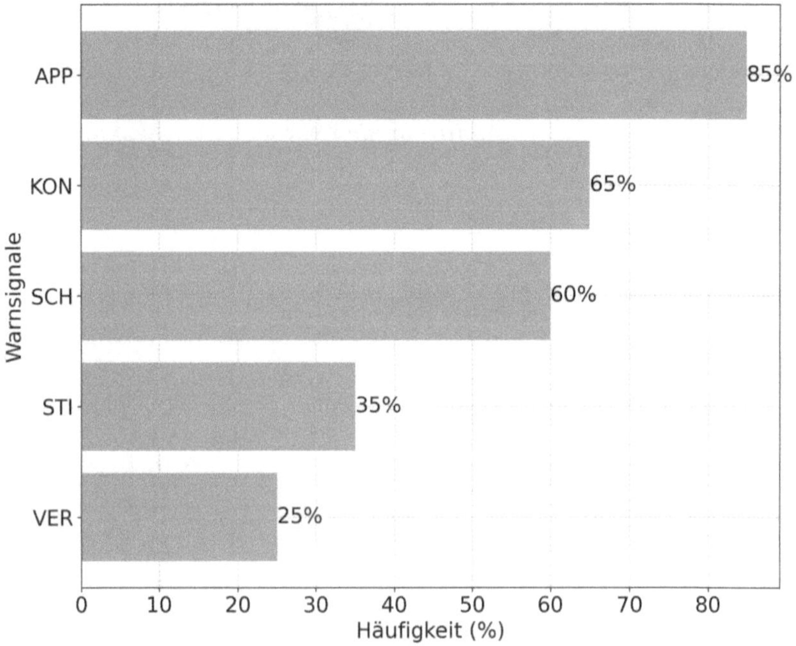

APP: Appetitveränderungen

KON: Konzentrationsprobleme

SCH: Schlafstörungen

STI: Stimmungsschwankungen

VER: Verdauungsbeschwerden

Das horizontale Balkendiagramm visualisiert die relative Häufigkeit verschiedener Frühwarnsignale im Kontext der Gehirn-Darm-Verbindung. Verdauungsbeschwerden treten am häufigsten auf, gefolgt von Stimmungsschwankungen und Schlafstörungen. Konzentrationsprobleme und Appetitveränderungen sind seltener, aber dennoch relevante Indikatoren. Diese Verteilung unterstreicht die Bedeutung der Beachtung von Verdauungsbeschwerden als potenzielles Frühwarnsignal.

Vorsorgemaßnahmen

Vorsorgemaßnahmen für die Darm-Hirn-Gesundheit umfassen neben regelmäßigen Gesundheitschecks und der Beachtung von Frühwarnsignalen auch die gezielte Prävention spezifischer Risikofaktoren. Ein Beispiel hierfür ist die HIV-Prävention, insbesondere im Kontext der Schwangerschaft. Eine HIV-Infektion kann neurologische Komplikationen verursachen und die Darmgesundheit beeinträchtigen [s156]. Daher ist ein HIV-Test vor oder in der Frühschwangerschaft ratsam [s156]. Für schwangere Frauen mit HIV ist eine antiretrovirale Therapie (ART) während der Schwangerschaft und Geburt entscheidend, um die Übertragung auf das Kind zu verhindern [s156]. Die frühzeitige Einleitung der ART maximiert den Schutz des Kindes [s156]. Zusätzlich sollten betroffene Frauen mit ihren Ärzten die optimale Ernährungsweise für das Neugeborene nach der Geburt besprechen, um das Übertragungsrisiko weiter zu minimieren [s156]. Darüber hinaus kann eine präventive Lebensweise, die auf eine gesunde Darmflora abzielt, das Risiko für diverse Erkrankungen reduzieren. Dies beinhaltet eine ballaststoffreiche Ernährung mit viel Obst, Gemüse und Vollkornprodukten, die das Wachstum nützlicher Bakterien fördert. Fermentierte Lebensmittel wie Joghurt oder Sauerkraut können ebenfalls die Darmgesundheit unterstützen. Stressmanagement durch Techniken wie Yoga, Meditation oder regelmäßige Bewegung wirkt sich positiv auf die Darm-Hirn-Achse aus und kann so zur Prävention beitragen. Ausreichend Schlaf ist ebenfalls essenziell, da Schlafmangel die Darmflora negativ beeinflussen kann. Der Verzicht auf Rauchen und übermäßigen Alkoholkonsum schützt sowohl den Darm als auch das Gehirn. Schließlich kann die Vermeidung unnötiger Medikamente, insbesondere von Antibiotika, die das Mikrobiom stören können, ebenfalls präventiv wirken. Eine Kombination dieser

Maßnahmen stärkt die Darm-Hirn-Verbindung und fördert die allgemeine Gesundheit.

Gut zu wissen

HIV

Eine Virusinfektion, die das Immunsystem schwächt und die Darmgesundheit beeinträchtigen kann, wodurch die Gehirn-Darm-Verbindung beeinflusst wird. Präventive Maßnahmen sind wichtig, um die Übertragung zu verhindern und Komplikationen zu minimieren.

Mikrobiom

Die Gesamtheit der Mikroorganismen, die den Darm besiedeln und eine wichtige Rolle für die Darmgesundheit und die Gehirn-Darm-Verbindung spielen. Ein ausgewogenes Mikrobiom kann dazu beitragen, Entzündungen zu reduzieren und die Kommunikation zwischen Darm und Gehirn zu verbessern.

Präventivmaßnahmen für die Darm-Hirn-Gesundheit

Verteilung der Präventivstrategien für die Darm-Hirn-Gesundheit.

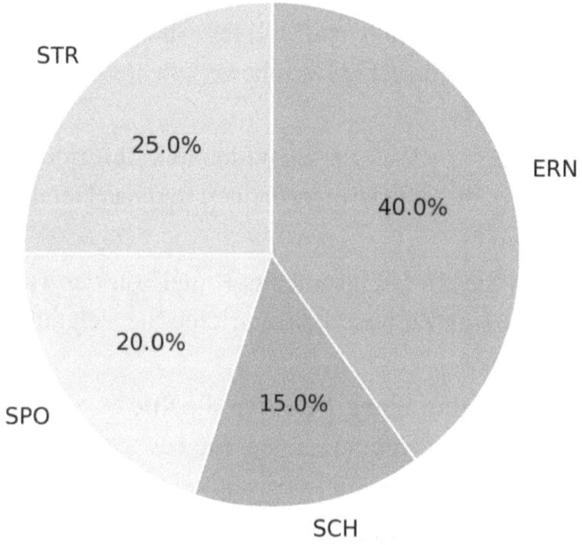

ERN: Ernährungsumstellung (Präbiotika, Probiotika, Ballaststoffe)

SCH: Schlafhygiene

SPO: Regelmäßiger Sport

STR: Stressmanagement (Achtsamkeit, Yoga)

Die Grafik unterstreicht die Bedeutung eines ganzheitlichen Ansatzes für die Darm-Hirn-Gesundheit. Während Ernährungsumstellungen entscheidend sind, tragen Stressmanagement und regelmäßige Bewegung wesentlich zum allgemeinen Wohlbefinden bei. Die Schlafhygiene spielt ebenfalls eine wichtige Rolle und unterstreicht die Verflechtung von Lebensstilfaktoren bei der Aufrechterhaltung einer gesunden Darm-Hirn-Achse. Die Konzentration auf diese Schlüsselbereiche kann zu verbesserten mentalen und körperlichen Gesundheitsergebnissen führen.

Konkrete Ratschläge

- Nutzen Sie die Kraft der Visualisierung: Stellen Sie sich vor jedem Essen vor, wie die Nährstoffe Ihre Darm-Hirn-Achse stärken.
- Schaffen Sie sich einen Duftanker: Verbinden Sie einen bestimmten Duft mit Entspannung und Wohlbefinden und nutzen Sie ihn bewusst in stressigen Situationen.
- Integrieren Sie "Darm-Yoga" in Ihren Alltag: Sanfte Dreh- und Dehnübungen fördern die Darmbewegung und stärken die Bauchmuskulatur.
- Erforschen Sie die Welt der Phytotherapie: Informieren Sie sich über Heilpflanzen, die die Darmgesundheit und das Nervensystem unterstützen.
- Entwickeln Sie ein "Achtsamkeits-Ritual" für den Toilettengang: Nehmen Sie sich Zeit und konzentrieren Sie sich auf den Prozess der Ausscheidung.
- Trainieren Sie Ihre Sinne: Schärfen Sie Ihre Geschmackswahrnehmung, indem Sie bewusst verschiedene Aromen und Texturen von Lebensmitteln erkunden.
- Verbinden Sie Bewegung mit Naturerfahrungen: Waldbaden oder Gartenarbeit fördern die Entspannung und stärken das Immunsystem.
- Pflegen Sie Ihre Haut wie ein Spiegelbild Ihrer Darmgesundheit: Verwenden Sie natürliche Pflegeprodukte und achten Sie auf eine ausreichende Feuchtigkeitspflege.
- Lernen Sie, Ihre Körpertemperatur bewusst wahrzunehmen: Kalte Füße können ein Hinweis auf eine gestörte Durchblutung sein.
- Experimentieren Sie mit "Lichttherapie": Tageslichtlampen können die Stimmung und den Schlaf-Wach-Rhythmus positiv beeinflussen.

Rückblick - 5. Ganzheitliche Körper-Gehirn-Pflege

Ganzheitliche Körper-Gehirn-Pflege, basierend auf dem Verständnis der komplexen Darm-Hirn-Achse, erfordert einen proaktiven und vielschichtigen Ansatz. Sie können Ihre körperliche und geistige Gesundheit nachhaltig beeinflussen, indem Sie die Wechselwirkungen zwischen Bewegung, Ernährung und Darmgesundheit verstehen und gezielt für Ihr Wohlbefinden nutzen. Anstatt sich auf einzelne Aspekte zu konzentrieren, sollten Sie ein ganzheitliches Konzept verfolgen, das diese Elemente miteinander verbindet. Beginnen Sie beispielsweise mit der Integration moderater Bewegung in Ihren Alltag. Ein täglicher Spaziergang, eine Yoga-Einheit oder auch einfach Treppensteigen anstatt den Aufzug zu benutzen, können bereits positive Effekte auf Ihre Darmgesundheit und damit auch auf Ihr kognitives Vermögen haben. Achten Sie dabei auf die Signale Ihres Körpers und vermeiden Sie Überanstrengung, die sich negativ auf Ihr Darmmikrobiom auswirken kann.

Ergänzend zur Bewegung spielt die Ernährung eine entscheidende Rolle. Eine ballaststoffreiche Kost mit viel Obst, Gemüse und Vollkornprodukten fördert das Wachstum nützlicher Darmbakterien, die wichtige Stoffwechselprodukte wie kurzkettige Fettsäuren produzieren. Diese Fettsäuren dienen nicht nur als Energiequelle für die Darmzellen, sondern wirken auch als Signalmoleküle, die die Kommunikation zwischen Darm und Gehirn beeinflussen. Integrieren Sie fermentierte Lebensmittel wie Joghurt oder Sauerkraut in Ihren Speiseplan, um Ihre Darmflora zusätzlich zu unterstützen. Vermeiden Sie zugleich übermäßigen Zucker- und Fructosekonsum, um Ihre Leber zu entlasten und den Entgiftungsprozess zu optimieren. Seien Sie achtsam bei der Auswahl Ihrer Lebensmittel und achten Sie auf eine möglichst geringe Belastung durch Umweltgifte.

Neben Bewegung und Ernährung sollten Sie auch auf regelmäßige Gesundheitschecks achten, um Risikofaktoren frühzeitig zu erkennen. Lassen Sie regelmäßig Ihren Blutdruck, Blutzucker und Cholesterinspiegel kontrollieren. Besprechen Sie mit Ihrem Arzt individuelle Vorsorgemaßnahmen und achten Sie auf mögliche Frühwarnsignale Ihres Körpers, wie Veränderungen im Verdauungstrakt oder neurologische Auffälligkeiten. Eine ganzheitliche Körper-Gehirn-Pflege erfordert ebenfalls ein effektives Stressmanagement. Finden Sie Methoden, die Ihnen helfen, Stress abzubauen, sei es durch Yoga, Meditation, Achtsamkeitsübungen oder einfach Zeit in der Natur. Ausreichend Schlaf ist ebenfalls unerlässlich für ein gesundes Gleichgewicht der Darm-Hirn-Achse.

Die Umsetzung einer ganzheitlichen Körper-Gehirn-Pflege mag zunächst herausfordernd erscheinen. Beginnen Sie mit kleinen Schritten und integrieren Sie nach und nach neue Gewohnheiten in Ihren Alltag. Seien Sie geduldig mit sich selbst und feiern Sie Ihre Erfolge. Sie werden feststellen, dass sich die Investition in Ihre Darm-Hirn-Gesundheit auszahlt und Sie sich körperlich und geistig wohler fühlen. Ein ausgeglichenes Zusammenspiel von Körper und Geist stärkt Ihre Resilienz und ermöglicht Ihnen, den Herausforderungen des Alltags gelassener zu begegnen. Investieren Sie in Ihre Gesundheit – es ist die beste Investition, die Sie tätigen können.

Kostenlose Zusatzangebote in Planung

Wir freuen uns, Ihnen künftig ergänzende kostenlose Materialien zu diesem Buch anbieten zu können:

- Ein exklusives Bonuskapitel mit zusätzlichen Inhalten
- Eine kompakte Zusammenfassung des gesamten Buches im PDF-Format
- Eine Hörspiel Version (In Planung)

Die Veröffentlichung dieser Materialien ist für 2025 geplant.
Besuchen Sie gerne schon heute unsere Website. Sobald unser Newsletter-Service startet (voraussichtlich 2025), können Sie sich dort für Updates registrieren und verpassen keine Neuigkeiten zu den kostenlosen Zusatzangeboten.

www.SaageBooks.com/de/
gehirn_darm_verbindung-bonus-HE3EGS

Liebe Leserinnen, liebe Leser,

Wir fühlen uns sehr geehrt, dass Sie sich die Zeit genommen haben, unser Buch von Anfang bis Ende zu lesen. Unser größter Wunsch ist es, Ihnen wertvolle Erkenntnisse und praktische Hilfestellungen mit auf den Weg zu geben. Ihr Vertrauen in unsere Arbeit bedeutet uns sehr viel. Wir hoffen, die Lektüre war für Sie bereichernd. Sollten Sie Fragen oder Anregungen haben, können Sie uns gerne über unsere Website kontaktieren.

Wenn Ihnen dieses Buch gefallen hat, würden wir uns sehr über eine ehrliche Rezension freuen. Sie können Ihre ehrliche Bewertung ganz einfach auf der Verkaufsplattform hinterlassen, über die Sie das Buch erworben haben.
Vielen Dank für Ihre Unterstützung!

Bendis Saage

Saage Media GmbH - Team

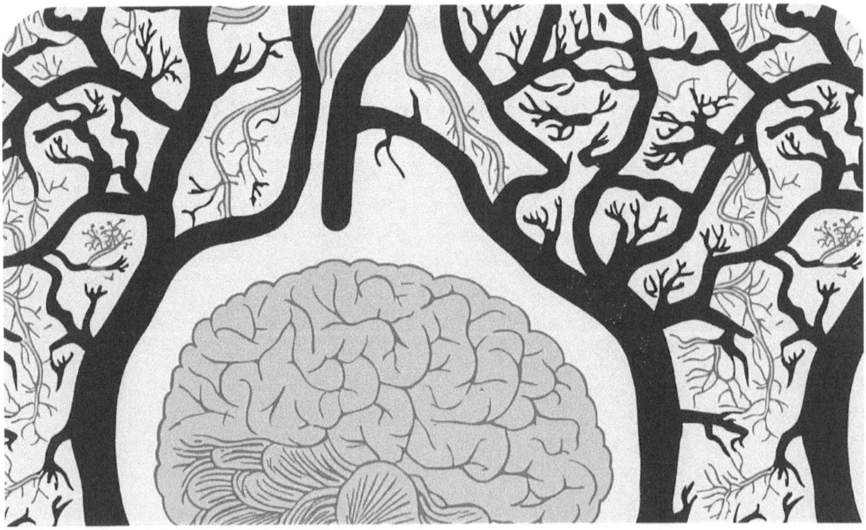

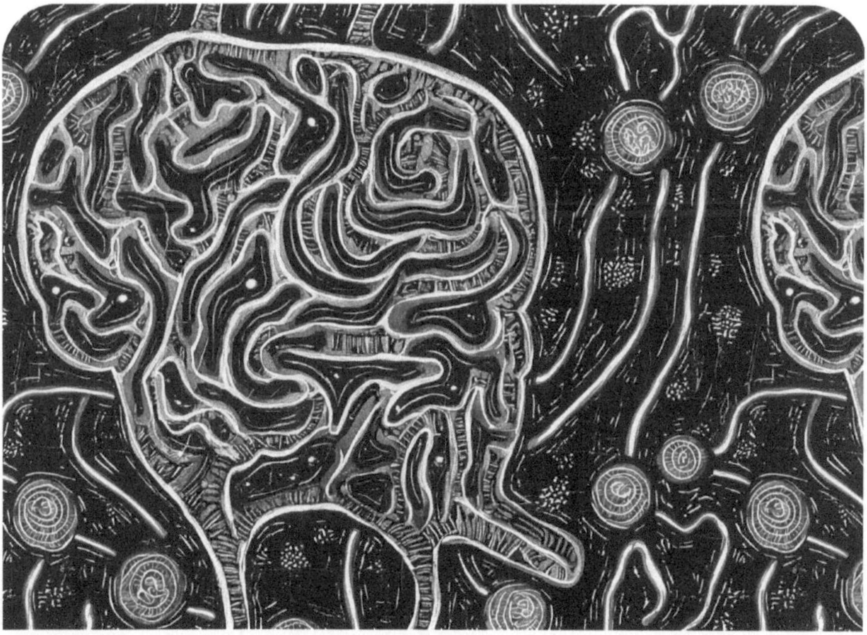

Quellen

Unser aufrichtiger Dank gilt allen Autoren der zitierten wissenschaftlichen und nicht-wissenschaftlichen Quellen, den Betreibern der referenzierten Internetseiten sowie den Urhebern der verwendeten Bilder, Grafiken und Studien, deren wertvolle Arbeiten zur Entstehung dieses Buches beigetragen haben.
Für weitere Informationen empfehlen wir Ihnen, die Quellen-Websites zu besuchen.
Sollten Sie Fehler bei der Zuordnung oder andere Unstimmigkeiten entdecken, kontaktieren Sie uns bitte.

Alle Quellen wurden zuletzt aufgerufen am: 2025-02-08

[s1] - https://pmc.ncbi.nlm.nih.gov/articles/PMC6829582/

Autor:	Julie Khlevner, Yeji Park, Kara Gross Margolis	**Titel:**	Brain–Gut Axis Clinical Implications
von:	Department of Pediatrics, Columbia University College of Physicians and Surgeons	**DOI:**	10.1016/j.gtc.2018.07.002
Datum:	2018 Sep 28	**Webseite:**	PubMed Central (PMC)
Publisher:	Gastroenterology clinics of North America		

[s2] - https://pmc.ncbi.nlm.nih.gov/articles/PMC5859128/

Autor:	Sigrid Breit, Aleksandra Kupferberg, Gerhard Rogler, Gregor Hasler	**Titel:**	Vagus Nerve as Modulator of the Brain–Gut Axis in Psychiatric and Inflammatory Disorders
von:	University Hospital of Psychiatry, University of Bern; University Hospital Zurich	**DOI:**	10.3389/fpsyt.2018.00044
Datum:	2018 Mar 13	**Webseite:**	PubMed Central (PMC)
Publisher:	Frontiers in Psychiatry		

[s3] - https://pmc.ncbi.nlm.nih.gov/articles/PMC10455396/

Autor:	Tuba Shahid Chaudhry, Sidhartha Gautam Senapati, Srikanth Gadam, Hari Priya Sri Sai Mannam, Hima Varsha Voruganti, Zainab Abbasi, Tushar Abhinav, Apurva Bhavana Challa, Namratha Pallipamu, Niharika Bheemisetty, Shivaram P Arunachalam	**Titel:**	The Impact of Microbiota on the Gut–Brain Axis: Examining the Complex Interplay and Implications
von:	Mayo Clinic	**DOI:**	10.3390/jcm12165231
Datum:	2023 Aug 11	**Webseite:**	PubMed Central (PMC)

[s4] - https://pmc.ncbi.nlm.nih.gov/articles/PMC8634751/

Autor:	Kara G Margolis, John F Cryan, Emeran A Mayer	**Titel:**	The Microbiota-Gut-Brain Axis: From Motility to Mood
DOI:	10.1053/j.gastro.2020.10.066	**Datum:**	2021 Jan 22
Webseite:	PubMed Central (PMC)	**Publisher:**	Gastroenterology

[s5] - https://pmc.ncbi.nlm.nih.gov/articles/PMC5046167/

Autor:	Hans Raskov, Jakob Burcharth, Hans-Christian Pommergaard, Jacob Rosenberg	**Titel:**	Irritable bowel syndrome, the microbiota and the gut-brain axis
DOI:	10.1080/19490976.2016.1218585	**Datum:**	2016 Jul 29
Webseite:	PubMed Central (PMC)		

[s6] - https://pmc.ncbi.nlm.nih.gov/articles/PMC6047317/

Autor:	Clair R Martin, Vadim Osadchiy, Amir Kalani, Emeran A Mayer	**Titel:**	The Brain-Gut-Microbiome Axis
von:	University of California at Los Angeles	**DOI:**	10.1016/j.jcmgh.2018.04.003
Datum:	2018 Apr 12	**Webseite:**	PubMed Central (PMC)
Publisher:	Cellular and Molecular Gastroenterology and Hepatology		

[s7] - https://pmc.ncbi.nlm.nih.gov/articles/PMC6469458/

Autor:	Jeremy Appleton	**Titel:**	The Gut-Brain Axis: Influence of Microbiota on Mood and Mental Health
Datum:	2018 Aug	**Webseite:**	PubMed Central (PMC)
Publisher:	Integrative Medicine: A Clinician's Journal		

[s8] - https://pmc.ncbi.nlm.nih.gov/articles/PMC4367209/

Autor:	Marilia Carabotti, Annunziata Scirocco, Maria Antonietta Maselli, Carola Severi	**Titel:**	The gut-brain axis: interactions between enteric microbiota, central and enteric nervous systems
Datum:	2015 Apr-Jun	**Webseite:**	PubMed Central (PMC)
Publisher:	Annals of Gastroenterology : Quarterly Publication of the Hellenic Society of Gastroenterology		

[s9] - https://pmc.ncbi.nlm.nih.gov/articles/PMC4858318/

Autor:	Kirsteen N Browning, R Alberto Travagli	**Titel:**	Central Nervous System Control of Gastrointestinal Motility and Secretion and Modulation of Gastrointestinal Functions
von:	Penn State College of Medicine	**DOI:**	10.1002/cphy.c130055
Datum:	2014 Oct	**Webseite:**	PubMed Central (PMC)
Publisher:	Comprehensive Physiology		

[s10] - https://pmc.ncbi.nlm.nih.gov/articles/PMC5772764/

Autor:	Rahul Mittal, Luca H Debs, Amit P Patel, Desiree Nguyen, Kunal Patel, Gregory O'Connor, M'hamed Grati, Jeenu Mittal, Denise Yan, Adrien A Eshraghi, Sapna K Deo, Sylvia Daunert, Xue Zhong Liu	**Titel:**	Neurotransmitters: The critical modulators regulating gut-brain axis
von:	University of Miami Miller School of Medicine	**DOI:**	10.1002/jcp.25518
Datum:	2017 Apr 10	**Webseite:**	PubMed Central (PMC)
Publisher:	Journal of cellular physiology		

[s11] - https://pmc.ncbi.nlm.nih.gov/articles/PMC8439601/

Autor:	Michael D Gershon, Kara Gross Margolis	**Titel:**	The gut, its microbiome, and the brain: connections and communications
von:	Columbia University Vagelos College of Physicians and Surgeons	**DOI:**	10.1172/JCI143768
Datum:	2021 Sep 15	**Webseite:**	PubMed Central (PMC)
Publisher:	The Journal of Clinical Investigation		

[s12] - https://pmc.ncbi.nlm.nih.gov/articles/PMC6469458/

Autor:	Jeremy Appleton	**Titel:**	The Gut-Brain Axis: Influence of Microbiota on Mood and Mental Health
Datum:	2018 Aug	**Webseite:**	PubMed Central (PMC)
Publisher:	Integrative Medicine: A Clinician's Journal		

[s13] - https://pmc.ncbi.nlm.nih.gov/articles/PMC3817711/

Autor:	Emeran A Mayer, Kirsten Tillisch	**Titel:**	The Brain-Gut Axis in Abdominal Pain Syndromes
von:	University of California, Los Angeles	**DOI:**	10.1146/annurev-med-012309-103958
Datum:	2011	**Webseite:**	PMC
Publisher:	Annual review of medicine		

[s14] - https://pmc.ncbi.nlm.nih.gov/articles/PMC5046167/

Autor:	Hans Raskov, Jakob Burcharth, Hans-Christian Pommergaard, Jacob Rosenberg	**Titel:**	Irritable bowel syndrome, the microbiota and the gut-brain axis
DOI:	10.1080/19490976.2016.1218585	**Datum:**	2016 Jul 29
Webseite:	PubMed Central (PMC)	**Publisher:**	Gut Microbes

[s15] - https://pmc.ncbi.nlm.nih.gov/articles/PMC6047317/

Autor:	Clair R Martin, Vadim Osadchiy, Amir Kalani, Emeran A Mayer	**Titel:**	The Brain-Gut-Microbiome Axis
von:	University of California at Los Angeles	**DOI:**	10.1016/j.jcmgh.2018.04.003
Datum:	2018 Apr 12	**Webseite:**	PubMed Central (PMC)
Publisher:	Cellular and Molecular Gastroenterology and Hepatology		

[s16] - https://pmc.ncbi.nlm.nih.gov/articles/PMC5530613/

Autor:	Andrew P Allen, Timothy G Dinan, Gerard Clarke, John F Cryan	**Titel:**	A psychology of the human brain–gut–microbiome axis
von:	University College Cork	**DOI:**	10.1111/spc3.12309
Datum:	2017 Apr 18	**Webseite:**	PubMed Central (PMC)
Publisher:	Social and Personality Psychology Compass		

[s17] - https://pmc.ncbi.nlm.nih.gov/articles/PMC4528021/

Autor:	Sai Manasa Jandhyala, Rupjyoti Talukdar, Chivkula Subramanyam, Harish Vuyyuru, Mitnala Sasikala, D Nageshwar Reddy	**Titel:**	Role of the normal gut microbiota
von:	Asian Institute of Gastroenterology, Asian Healthcare Foundation	**DOI:**	10.3748/wjg.v21.i29.8787
Datum:	2015 Aug 7	**Webseite:**	PubMed Central (PMC)
Publisher:	World Journal of Gastroenterology : WJG		

[s18] - https://pmc.ncbi.nlm.nih.gov/articles/PMC5433529/

Autor:	Elizabeth Thursby, Nathalie Juge	**Titel:**	Introduction to the human gut microbiota
von:	The Gut Health and Food Safety Programme, Institute of Food Research, Norwich Research Park, Norwich NR4 7UA, U.K.	**DOI:**	10.1042/BCJ20160510
Datum:	2017 May 16	**Webseite:**	PubMed Central (PMC)
Publisher:	Biochemical Journal		

[s19] - https://pmc.ncbi.nlm.nih.gov/articles/PMC9692419/

Autor:	Meenakshi Kandpal, Omkar Indari, Budhadev Baral, Shweta Jakhmola, Deeksha Tiwari, Vasundhra Bhandari, Rajan Kumar Pandey, Kiran Bala, Avinash Sonawane, Hem Chandra Jha	**Titel:**	Dysbiosis of Gut Microbiota from the Perspective of the Gut–Brain Axis: Role in the Provocation of Neurological Disorders
von:	Indian Institute of Technology Indore, National Institute of Pharmaceutical Education and Research, Karolinska Institute	**DOI:**	10.3390/metabo12111064
Datum:	2022 Nov 3	**Webseite:**	PubMed Central (PMC)
Publisher:	MDPI		

[s20] - https://pmc.ncbi.nlm.nih.gov/articles/PMC6047317/

Autor:	Clair R Martin, Vadim Osadchiy, Amir Kalani, Emeran A Mayer	**Titel:**	The Brain-Gut-Microbiome Axis
von:	University of California at Los Angeles	**DOI:**	10.1016/j.jcmgh.2018.04.003
Datum:	2018 Apr 12	**Webseite:**	PubMed Central (PMC)
Publisher:	Cellular and Molecular Gastroenterology and Hepatology		

[s21] - https://pmc.ncbi.nlm.nih.gov/articles/PMC4583334/

Autor:	Xiaomei Cong, Wendy A Henderson, Joerg Graf, Jacqueline M McGrath	**Titel:**	Early Life Experience and Gut Microbiome: the Brain-Gut-Microbiota Signaling System
von:	University of Connecticut, Digestive Disorder Unit, Biobehavioral Branch, NINR, NIH, Department of Molecular and Cell Biology, University of Connecticut, Connecticut Children's Medical Center	**DOI:**	10.1097/ANC.0000000000000191
Datum:	2015 Oct	**Webseite:**	PubMed Central (PMC)
Publisher:	Advances in neonatal care : official journal of the National Association of Neonatal Nurses		

[s22] - https://pmc.ncbi.nlm.nih.gov/articles/PMC6469458/

Autor:	Jeremy Appleton	**Titel:**	The Gut-Brain Axis: Influence of Microbiota on Mood and Mental Health
Datum:	2018 Aug	**Webseite:**	PubMed Central (PMC)
Publisher:	Integrative Medicine: A Clinician's Journal		

[s23] - https://pmc.ncbi.nlm.nih.gov/articles/PMC9504309/

Autor:	Leon M T Dicks	**Titel:**	Gut Bacteria and Neurotransmitters
von:	Stellenbosch University	**DOI:**	10.3390/microorganisms10091838
Datum:	2022 Sep 14	**Webseite:**	PubMed Central (PMC)

[s24] - https://www.nia.nih.gov/news/beyond-brain-gut-microbiome-and-alzheimers-disease

Titel:	Beyond the brain: The gut microbiome and Alzheimer's disease	**von:**	National Institute on Aging (NIA)
Webseite:	National Institute on Aging		

[s25] - https://pmc.ncbi.nlm.nih.gov/articles/PMC7841622/

Autor:	Arpana Gupta, Vadim Osadchiy, Emeran A Mayer	**Titel:**	Brain–gut–microbiome interactions in obesity and food addiction
von:	University of California Los Angeles (UCLA)	**DOI:**	10.1038/s41575-020-0341-5
Datum:	2020 Aug 27	**Webseite:**	PubMed Central (PMC)
Publisher:	Nature reviews. Gastroenterology & hepatology		

[s26] - https://pmc.ncbi.nlm.nih.gov/articles/PMC5581153/

Autor:	Xiqun Zhu, Yong Han, Jing Du, Renzhong Liu, Ketao Jin, Wei Yi	**Titel:**	Microbiota-gut-brain axis and the central nervous system
DOI:	10.18632/oncotarget.17754	**Datum:**	2017 May 10
Webseite:	PubMed Central (PMC)	**Publisher:**	Oncotarget

[s27] - https://pmc.ncbi.nlm.nih.gov/articles/PMC4367209/

Autor: Marilia Carabotti, Annunziata Scirocco, Maria Antonietta Maselli, Carola Severi
Titel: The gut-brain axis: interactions between enteric microbiota, central and enteric nervous systems
von: University Sapienza, Scientific Institute of Gastroenterology S. de Bellis
Datum: 2015 Apr-Jun
Webseite: PubMed Central (PMC)
Publisher: Annals of Gastroenterology : Quarterly Publication of the Hellenic Society of Gastroenterology

---

[s28] - https://pmc.ncbi.nlm.nih.gov/articles/PMC8263213/

Autor: Min-Gyu Gwak, Sun-Young Chang
Titel: Gut-Brain Connection: Microbiome, Gut Barrier, and Environmental Sensors
von: Laboratory of Microbiology, College of Pharmacy, and Research Institute of Pharmaceutical Science and Technology (RIPST), Ajou University, Suwon
DOI: 10.4110/in.2021.21.e20
Datum: 2021 Jun 16
Webseite: PubMed Central (PMC)
Publisher: Immune Network

[s29] - https://pmc.ncbi.nlm.nih.gov/articles/PMC6469458/

Autor: Jeremy Appleton
Titel: The Gut-Brain Axis: Influence of Microbiota on Mood and Mental Health
Datum: 2018 Aug
Webseite: PubMed Central (PMC)
Publisher: Integrative Medicine: A Clinician's Journal

[s30] - https://pmc.ncbi.nlm.nih.gov/articles/PMC5641835/

Autor: Megan Clapp, Nadia Aurora, Lindsey Herrera, Manisha Bhatia, Emily Wilen, Sarah Wakefield
Titel: Gut microbiota's effect on mental health: The gut-brain axis
von: Texas Tech University
DOI: 10.4081/cp.2017.987
Datum: 2017 Sep 15
Webseite: PubMed Central (PMC)
Publisher: Clinics and Practice

[s31] - https://www.nia.nih.gov/news/beyond-brain-gut-microbiome-and-alzheimers-disease

Titel: Beyond the brain: The gut microbiome and Alzheimer's disease
von: National Institute on Aging (NIA)
Webseite: National Institute on Aging

[s32] - https://pmc.ncbi.nlm.nih.gov/articles/PMC4796328/

Autor: Tehmina Amin; Julian G Mercer
Titel: Hunger and Satiety Mechanisms and Their Potential Exploitation in the Regulation of Food Intake
von: Rowett Institute of Nutrition and Health, University of Aberdeen
DOI: 10.1007/s13679-015-0184-5
Datum: 2016 Jan 14
Webseite: PubMed Central (PMC)
Publisher: Current Obesity Reports

[s33] - https://pmc.ncbi.nlm.nih.gov/articles/PMC5859128/

Autor:	Sigrid Breit, Aleksandra Kupferberg, Gerhard Rogler, Gregor Hasler	**Titel:**	Vagus Nerve as Modulator of the Brain–Gut Axis in Psychiatric and Inflammatory Disorders
DOI:	10.3389/fpsyt.2018.00044	**Datum:**	2018 Mar 13
Webseite:	PubMed Central (PMC)	**Publisher:**	Frontiers in Psychiatry

[s34] - https://www.ncbi.nlm.nih.gov/pmc/articles/PMC7951047/

Autor:	Amber L Alhadeff	**Titel:**	Monitoring In Vivo Neural Activity to Understand Gut–Brain Signaling
von:	National Center for Biotechnology Information (NCBI)	**DOI:**	10.1210/endocr/bqab029
Datum:	2021 Feb 9	**Webseite:**	PubMed Central (PMC)
Publisher:	Endocrinology		

[s35] - https://pmc.ncbi.nlm.nih.gov/articles/PMC7147657/

Autor:	Li-Juan Sun, Jing-Nan Li, Yong-Zhan Nie	**Titel:**	Gut hormones in microbiota-gut-brain cross-talk
DOI:	10.1097/CM9.0000000000000706	**Datum:**	2020 Apr 5
Webseite:	PubMed Central (PMC)	**Publisher:**	Chinese Medical Journal

[s36] - https://pmc.ncbi.nlm.nih.gov/articles/PMC2710609/

Autor:	Rexford S Ahima, Daniel A Antwi	**Titel:**	Brain regulation of appetite and satiety
von:	University of Pennsylvania School of Medicine	**DOI:**	10.1016/j.ecl.2008.08.005
Datum:	2008 Dec	**Webseite:**	PubMed Central (PMC)
Publisher:	Endocrinology and metabolism clinics of North America		

[s37] - https://www.ncbi.nlm.nih.gov/pmc/articles/PMC7841622/

Autor:	Arpana Gupta, Vadim Osadchiy, Emeran A Mayer	**Titel:**	Brain–gut–microbiome interactions in obesity and food addiction
von:	University of California Los Angeles (UCLA)	**DOI:**	10.1038/s41575-020-0341-5
Datum:	2020 Aug 27	**Webseite:**	PubMed Central (PMC)
Publisher:	Nature reviews. Gastroenterology & hepatology		

[s38] - https://pmc.ncbi.nlm.nih.gov/articles/PMC2710609/

Autor:	Rexford S Ahima, Daniel A Antwi	**Titel:**	Brain regulation of appetite and satiety
von:	University of Pennsylvania School of Medicine	**DOI:**	10.1016/j.ecl.2008.08.005
Datum:	2008 Dec	**Webseite:**	PubMed Central (PMC)

[s39] - https://pmc.ncbi.nlm.nih.gov/articles/PMC5859128/

Autor:	Sigrid Breit, Aleksandra Kupferberg, Gerhard Rogler, Gregor Hasler	**Titel:**	Vagus Nerve as Modulator of the Brain–Gut Axis in Psychiatric and Inflammatory Disorders
von:	University of Bern; University Hospital Zurich	**DOI:**	10.3389/fpsyt.2018.00044
Datum:	2018 Mar 13	**Webseite:**	PubMed Central (PMC)
Publisher:	Frontiers in Psychiatry		

[s40] - https://pmc.ncbi.nlm.nih.gov/articles/PMC7841622/

Autor:	Arpana Gupta, Vadim Osadchiy, Emeran A Mayer	**Titel:**	Brain–gut–microbiome interactions in obesity and food addiction
von:	University of California Los Angeles (UCLA)	**DOI:**	10.1038/s41575-020-0341-5
Datum:	2020 Aug 27	**Webseite:**	PubMed Central (PMC)
Publisher:	Nature reviews. Gastroenterology & hepatology		

[s41] - https://pmc.ncbi.nlm.nih.gov/articles/PMC9096878/

Autor:	Sarah Althubeati, Amanda Avery, Christopher R Tench, Dileep N Lobo, Andrew Salter, Sally Eldeghaidy	**Titel:**	Mapping brain activity of gut-brain signaling to appetite and satiety in healthy adults: A systematic review and functional neuroimaging meta-analysis
von:	University of Nottingham, King Abdulaziz University, Nottingham University Hospitals NHS Trust	**DOI:**	10.1016/j.neubiorev.2022.104603
Datum:	2022 May	**Webseite:**	PubMed Central (PMC)

[s42] - https://pmc.ncbi.nlm.nih.gov/articles/PMC10490484/

Autor:	Shouren Li, Mengqi Liu, Shixi Cao, Boshuai Liu, Defeng Li, Zhichang Wang, Hao Sun, Yalei Cui, Yinghua Shi	**Titel:**	The Mechanism of the Gut-Brain Axis in Regulating Food Intake
von:	Henan Agricultural University	**DOI:**	10.3390/nu15173728
Datum:	2023 Aug 25	**Webseite:**	PMC (PubMed Central)
Publisher:	Nutrients		

[s43] - https://pmc.ncbi.nlm.nih.gov/articles/PMC7924980/

Autor:	Natasha K Leeuwendaal, John F Cryan, Harriët Schellekens	**Titel:**	Gut peptides and the microbiome: focus on ghrelin
DOI:	10.1097/MED.0000000000000616	**Datum:**	2021 Feb 15
Webseite:	PubMed Central (PMC)	**Publisher:**	Current Opinion in Endocrinology, Diabetes, and Obesity

[s44] - https://pmc.ncbi.nlm.nih.gov/articles/PMC8068854/

Autor:	Mrinal Samtiya, Rotimi E Aluko, Tejpal Dhewa, José Manuel Moreno-Rojas	**Titel:**	Potential Health Benefits of Plant Food-Derived Bioactive Components: An Overview
DOI:	10.3390/foods10040839	**Datum:**	2021 Apr 12
Webseite:	PubMed Central (PMC)		

[s45] - https://www.ncbi.nlm.nih.gov/pmc/articles/PMC10048542/

Autor:	Siyu Liu, Lu Cheng, Yanan Liu, Shengnan Zhan, Zufang Wu, Xin Zhang	**Titel:**	Relationship between Dietary Polyphenols and Gut Microbiota: New Clues to Improve Cognitive Disorders, Mood Disorders and Circadian Rhythms
von:	Ningbo University; Rutgers, The State University of New Jersey	**DOI:**	10.3390/foods12061309
Datum:	2023 Mar 19	**Webseite:**	PubMed Central (PMC)
Publisher:	MDPI		

[s46] - https://www.nia.nih.gov/news/beyond-brain-gut-microbiome-and-alzheimers-disease

Titel:	Beyond the brain: The gut microbiome and Alzheimer's disease	**von:**	National Institute on Aging (NIA)
Webseite:	National Institute on Aging		

[s47] - https://pmc.ncbi.nlm.nih.gov/articles/PMC6478664/

Autor:	Aleksandra Tomova, Igor Bukovsky, Emilie Rembert, Willy Yonas, Jihad Alwarith, Neal D Barnard, Hana Kahleova	**Titel:**	The Effects of Vegetarian and Vegan Diets on Gut Microbiota
DOI:	10.3389/fnut.2019.00047	**Datum:**	2019 Apr 17
Webseite:	PubMed Central (PMC)	**Publisher:**	Frontiers in Nutrition

[s48] - https://pmc.ncbi.nlm.nih.gov/articles/PMC5751248/

Autor:	Lara Costantini, Romina Molinari, Barbara Farinon, Nicolò Merendino	**Titel:**	Impact of Omega-3 Fatty Acids on the Gut Microbiota
von:	Tuscia University	**DOI:**	10.3390/ijms18122645
Datum:	2017 Dec 7	**Webseite:**	PubMed Central (PMC)
Publisher:	International Journal of Molecular Sciences		

[s49] - https://pmc.ncbi.nlm.nih.gov/articles/PMC7801035/

Autor:	Yawei Fu, Yadong Wang, Hu Gao, DongHua Li, RuiRui Jiang, Lingrui Ge, Chao Tong, Kang Xu	**Titel:**	Associations among Dietary Omega-3 Polyunsaturated Fatty Acids, the Gut Microbiota, and Intestinal Immunity
von:	College of Animal Science and Technology, Henan Agricultural University; Key Laboratory of Agro-ecological Processes in Subtropical Region, Institute of Subtropical Agriculture, Chinese Academy of Sciences; Hunan Biological and Electromechanical Polytechnic; State Key Laboratory of Developmental Biology of Freshwater Fish, College of Life Sciences, Hunan Normal University	**DOI:**	10.1155/2021/8879227
Datum:	2021 Jan 2	**Webseite:**	PubMed Central (PMC)
Publisher:	Mediators of Inflammation		

[s50] - https://pmc.ncbi.nlm.nih.gov/articles/PMC4030645/

Autor:	Angela M Zivkovic, Natalie Telis, J Bruce German, Bruce D Hammock	**Titel:**	Dietary omega-3 fatty acids aid in the modulation of inflammation and metabolic health
von:	University of California, Davis	**DOI:**	10.3733/ca.v065n03p106
Datum:	2011 July-September	**Webseite:**	PubMed Central (PMC)

[s51] - https://pmc.ncbi.nlm.nih.gov/articles/PMC10057655/

Autor:	Antonina Kurowska, Wojciech Ziemichód, Mariola Herbet, Iwona Piątkowska-Chmiel	**Titel:**	The Role of Diet as a Modulator of the Inflammatory Process in the Neurological Diseases
von:	Medical University of Lublin	**DOI:**	10.3390/nu15061436
Datum:	2023 Mar 16	**Webseite:**	PubMed Central (PMC)
Publisher:	Nutrients		

[s52] - https://pmc.ncbi.nlm.nih.gov/articles/PMC8007165/

Autor:	Ana Nogal, Ana M Valdes, Cristina Menni	**Titel:**	The role of short-chain fatty acids in the interplay between gut microbiota and diet in cardio-metabolic health
DOI:	10.1080/19490976.2021.1897212	**Datum:**	2021 Mar 25
Webseite:	PubMed Central (PMC)		

[s53] - https://pmc.ncbi.nlm.nih.gov/articles/PMC8321864/

Autor:	Kirsten Berding, Klara Vlckova, Wolfgang Marx, Harriet Schellekens, Catherine Stanton, Gerard Clarke, Felice Jacka, Timothy G Dinan, John F Cryan	**Titel:**	Diet and the Microbiota–Gut–Brain Axis: Sowing the Seeds of Good Mental Health
von:	National Center for Biotechnology Information (NCBI)	**DOI:**	10.1093/advances/nmaa181
Datum:	2021 Mar 9	**Webseite:**	PubMed Central (PMC)
Publisher:	Oxford University Press		

[s54] - https://www.ncbi.nlm.nih.gov/pmc/articles/PMC10048542/

Autor:	Siyu Liu, Lu Cheng, Yanan Liu, Shengnan Zhan, Zufang Wu, Xin Zhang	**Titel:**	Relationship between Dietary Polyphenols and Gut Microbiota: New Clues to Improve Cognitive Disorders, Mood Disorders and Circadian Rhythms
von:	Ningbo University, Rutgers, The State University of New Jersey	**DOI:**	10.3390/foods12061309
Datum:	2023 Mar 19	**Webseite:**	PubMed Central (PMC)
Publisher:	Foods		

[s55] - https://pmc.ncbi.nlm.nih.gov/articles/PMC7824117/

Autor:	Amaia Iriondo-DeHond, José Antonio Uranga, Maria Dolores del Castillo, Raquel Abalo	**Titel:**	Effects of Coffee and Its Components on the Gastrointestinal Tract and the Brain–Gut Axis
von:	Instituto de Investigación en Ciencias de la Alimentación (CIAL) (CSIC-UAM), Universidad Rey Juan Carlos (URJC)	**DOI:**	10.3390/nu13010088
Datum:	2020 Dec 29	**Webseite:**	PubMed Central (PMC)
Publisher:	MDPI		

[s56] - https://pmc.ncbi.nlm.nih.gov/articles/PMC10057655/

Autor:	Antonina Kurowska, Wojciech Ziemichód, Mariola Herbet, Iwona Piątkowska-Chmiel	**Titel:**	The Role of Diet as a Modulator of the Inflammatory Process in the Neurological Diseases
von:	Medical University of Lublin	**DOI:**	10.3390/nu15061436
Datum:	2023 Mar 16	**Webseite:**	PMC
Publisher:	Nutrients		

[s57] - https://pmc.ncbi.nlm.nih.gov/articles/PMC2805706/

Autor:	Fernando Gómez-Pinilla	**Titel:**	Brain foods: the effects of nutrients on brain function
von:	University of California at Los Angeles School of Medicine	**DOI:**	10.1038/nrn2421
Datum:	2008 Jul	**Webseite:**	PubMed Central (PMC)
Publisher:	Nature reviews. Neuroscience		

[s58] - https://www.nia.nih.gov/news/beyond-brain-gut-microbiome-and-alzheimers-disease
Titel: Beyond the brain: The gut microbiome and Alzheimer's disease
von: National Institute on Aging (NIA)
Webseite: National Institute on Aging

[s59] - https://pmc.ncbi.nlm.nih.gov/articles/PMC10455396/
Autor: Tuba Shahid Chaudhry, Sidhartha Gautam Senapati, Srikanth Gadam, Hari Priya Sri Sai Mannam, Hima Varsha Voruganti, Zainab Abbasi, Tushar Abhinav, Apurva Bhavana Challa, Namratha Pallipamu, Niharika Bheemisetty, Shivaram P Arunachalam
Titel: The Impact of Microbiota on the Gut–Brain Axis: Examining the Complex Interplay and Implications
von: Mayo Clinic
DOI: 10.3390/jcm12165231
Datum: 2023 Aug 11
Webseite: PMC
Publisher: Journal of Clinical Medicine

[s60] - https://pmc.ncbi.nlm.nih.gov/articles/PMC2805706/
Autor: Fernando Gómez-Pinilla
Titel: Brain foods: the effects of nutrients on brain function
von: University of California at Los Angeles School of Medicine
DOI: 10.1038/nrn2421
Datum: 2008 Jul
Webseite: PubMed Central (PMC)
Publisher: Nature reviews. Neuroscience

[s61] - https://pmc.ncbi.nlm.nih.gov/articles/PMC9021202/
Autor: J Horn, D E Mayer, S Chen, E A Mayer
Titel: Role of diet and its effects on the gut microbiome in the pathophysiology of mental disorders
DOI: 10.1038/s41398-022-01922-0
Datum: 2022 Apr 20
Webseite: PubMed Central (PMC)
Publisher: Translational Psychiatry

[s62] - https://www.nia.nih.gov/news/beyond-brain-gut-microbiome-and-alzheimers-disease
Titel: Beyond the brain: The gut microbiome and Alzheimer's disease
von: National Institute on Aging (NIA)
Webseite: National Institute on Aging

[s63] - https://pmc.ncbi.nlm.nih.gov/articles/PMC4728667/
Autor: Trisha A Jenkins, Jason C D Nguyen, Kate E Polglaze, Paul P Bertrand
Titel: Influence of Tryptophan and Serotonin on Mood and Cognition with a Possible Role of the Gut-Brain Axis
von: RMIT University; University of New South Wales
DOI: 10.3390/nu8010056
Datum: 2016 Jan 20
Webseite: PubMed Central (PMC)
Publisher: Nutrients

[s64] - https://pmc.ncbi.nlm.nih.gov/articles/PMC8470960/
Autor: Jip Gudden, Alejandro Arias Vasquez, Mirjam Bloemendaal
Titel: The Effects of Intermittent Fasting on Brain and Cognitive Function
von: Radboud University Medical Center
DOI: 10.3390/nu13093166
Datum: 2021 Sep 10
Webseite: PubMed Central (PMC)
Publisher: Nutrients

[s65] - https://pmc.ncbi.nlm.nih.gov/articles/PMC7828103/
Autor: Kathrin Cohen Kadosh, Leilani Muhardi, Panam Parikh, Melissa Basso, Hamid Jan Jan Mohamed, Titis Prawitasari, Folake Samuel, Guansheng Ma, Jan M W Geurts **Titel:** Nutritional Support of Neurodevelopment and Cognitive Function in Infants and Young Children—An Update and Novel Insights
DOI: 10.3390/nu13010199 **Datum:** 2021 Jan 10
Webseite: PubMed Central (PMC) **Publisher:** Nutrients

[s66] - https://pmc.ncbi.nlm.nih.gov/articles/PMC2077351/
Autor: Simon N Young **Titel:** How to increase serotonin in the human brain without drugs
von: National Library of Medicine (NLM); National Center for Biotechnology Information (NCBI) **Datum:** 2007 Nov
Webseite: PubMed Central (PMC) **Publisher:** Journal of Psychiatry & Neuroscience : JPN

[s67] - https://pmc.ncbi.nlm.nih.gov/articles/PMC7322666/
Autor: Joseph Firth, James E Gangwisch, Alessandra Borsini, Robyn E Wootton, Emeran A Mayer **Titel:** Food and mood: how do diet and nutrition affect mental wellbeing?
DOI: 10.1136/bmj.m2382 **Datum:** 2020 Jun 29
Webseite: PubMed Central (PMC) **Publisher:** The BMJ

[s68] - https://pmc.ncbi.nlm.nih.gov/articles/PMC10083484/
Autor: Seema Puri, Majida Shaheen, Bhanvi Grover **Titel:** Nutrition and cognitive health: A life course approach
von: University of Delhi **DOI:** 10.3389/fpubh.2023.1023907
Datum: 2023 Mar 27 **Webseite:** PubMed Central (PMC)
Publisher: Frontiers in Public Health

[s69] - https://pmc.ncbi.nlm.nih.gov/articles/PMC2805706/
Autor: Fernando Gómez-Pinilla **Titel:** Brain foods: the effects of nutrients on brain function
von: University of California at Los Angeles School of Medicine **DOI:** 10.1038/nrn2421
Datum: 2008 Jul **Webseite:** PubMed Central (PMC)
Publisher: Nature reviews. Neuroscience

[s70] - https://pmc.ncbi.nlm.nih.gov/articles/PMC4772032/
Autor: David O Kennedy **Titel:** B Vitamins and the Brain: Mechanisms, Dose and Efficacy—A Review
von: Northumbria University **DOI:** 10.3390/nu8020068
Datum: 2016 Jan 28 **Webseite:** PubMed Central (PMC)
Publisher: Nutrients

[s71] - https://pmc.ncbi.nlm.nih.gov/articles/PMC8719029/
Autor: Kirsten Berding, Carina Carbia, John F Cryan **Titel:** Going with the grain: Fiber, cognition, and the microbiota-gut-brain-axis
von: APC Microbiome Ireland, University College Cork **DOI:** 10.1177/1535370221995785
Datum: 2021 Feb 28 **Webseite:** PubMed Central (PMC)
Publisher: Experimental Biology and Medicine

[s72] - https://pmc.ncbi.nlm.nih.gov/articles/PMC6478664/

Autor:	Aleksandra Tomova, Igor Bukovsky, Emilie Rembert, Willy Yonas, Jihad Alwarith, Neal D Barnard, Hana Kahleova	**Titel:**	The Effects of Vegetarian and Vegan Diets on Gut Microbiota
DOI:	10.3389/fnut.2019.00047	**Datum:**	2019 Apr 17
Webseite:	PubMed Central (PMC)	**Publisher:**	Frontiers in Nutrition

[s73] - https://pmc.ncbi.nlm.nih.gov/articles/PMC8321864/

Autor:	Kirsten Berding, Klara Vlckova, Wolfgang Marx, Harriet Schellekens, Catherine Stanton, Gerard Clarke, Felice Jacka, Timothy G Dinan, John F Cryan	**Titel:**	Diet and the Microbiota–Gut–Brain Axis: Sowing the Seeds of Good Mental Health
DOI:	10.1093/advances/nmaa181	**Datum:**	2021 Mar 9
Webseite:	PubMed Central (PMC)	**Publisher:**	Advances in Nutrition

[s74] - https://pmc.ncbi.nlm.nih.gov/articles/PMC7213601/

Autor:	Annelise Madison, Janice K Kiecolt-Glaser	**Titel:**	Stress, depression, diet, and the gut microbiota: human–bacteria interactions at the core of psychoneuroimmunology and nutrition
von:	The Ohio State University	**DOI:**	10.1016/j.cobeha.2019.01.011
Datum:	2019 Mar 25	**Webseite:**	PubMed Central (PMC)

[s75] - https://pmc.ncbi.nlm.nih.gov/articles/PMC9021202/

Autor:	J Horn, D E Mayer, S Chen, E A Mayer	**Titel:**	Role of diet and its effects on the gut microbiome in the pathophysiology of mental disorders
von:	G. Oppenheimer Center for Neurobiology of Stress and Resilience, Vatche and Tamar Manoukian Division of Digestive Diseases, David Geffen School of Medicine at UCLA, Los Angeles, CA USA MayerInterconnected, LLC, Los Angeles, CA USA University of California, San Francisco, CA USA	**DOI:**	10.1038/s41398-022-01922-0
Datum:	2022 Apr 20	**Webseite:**	PubMed Central (PMC)
Publisher:	Translational Psychiatry		

[s76] - https://www.ncbi.nlm.nih.gov/pmc/articles/PMC9553262/

Autor:	Gabriela Ribeiro, Aimone Ferri, Gerard Clarke, John F Cryan	**Titel:**	Diet and the microbiota–gut–brain-axis: a primer for clinical nutrition
von:	APC Microbiome Ireland, University College Cork	**DOI:**	10.1097/MCO.0000000000000874
Datum:	2022 Sep 14	**Webseite:**	PubMed Central (PMC)
Publisher:	Current Opinion in Clinical Nutrition and Metabolic Care		

[s77] - https://pmc.ncbi.nlm.nih.gov/articles/PMC7213601/

Autor:	Annelise Madison, Janice K Kiecolt-Glaser	**Titel:**	Stress, depression, diet, and the gut microbiota: human–bacteria interactions at the core of psychoneuroimmunology and nutrition
von:	The Ohio State University College of Medicine	**DOI:**	10.1016/j.cobeha.2019.01.011
Datum:	2019 Mar 25	**Webseite:**	PubMed Central (PMC)

[s78] - https://pmc.ncbi.nlm.nih.gov/articles/PMC8321864/

Autor:	Kirsten Berding, Klara Vlckova, Wolfgang Marx, Harriet Schellekens, Catherine Stanton, Gerard Clarke, Felice Jacka, Timothy G Dinan, John F Cryan	**Titel:**	Diet and the Microbiota–Gut–Brain Axis: Sowing the Seeds of Good Mental Health
von:	APC Microbiome Ireland, Deakin University, Teagasc Food Research Centre, Murdoch Children's Research Institute, Black Dog Institute, James Cook University, University College Cork	**DOI:**	10.1093/advances/nmaa181
Datum:	2021 Mar 9	**Webseite:**	PubMed Central (PMC)
Publisher:	Advances in Nutrition		

[s79] - https://www.ncbi.nlm.nih.gov/pmc/articles/PMC7841622/

Autor:	Arpana Gupta, Vadim Osadchiy, Emeran A Mayer	**Titel:**	Brain–gut–microbiome interactions in obesity and food addiction
von:	University of California Los Angeles (UCLA)	**DOI:**	10.1038/s41575-020-0341-5
Datum:	2020 Aug 27	**Webseite:**	PMC (PubMed Central)
Publisher:	Nature reviews. Gastroenterology & hepatology		

[s80] - https://pmc.ncbi.nlm.nih.gov/articles/PMC10773664/

Autor:	Tariq Aziz, Nageen Hussain, Zunaira Hameed, Lin Lin	**Titel:**	Elucidating the role of diet in maintaining gut health to reduce the risk of obesity, cardiovascular and other age-related inflammatory diseases: recent challenges and future recommendations
DOI:	10.1080/19490976.2023.2297864	**Datum:**	2024 Jan 4
Webseite:	PMC (PubMed Central)		

[s81] - https://pmc.ncbi.nlm.nih.gov/articles/PMC5648614/

Autor:	Sara M Edwards, Solveig A Cunningham, Anne L Dunlop, Elizabeth J Corwin	**Titel:**	The Maternal Gut Microbiome during Pregnancy
von:	Laney Graduate School and Nell Hodgson Woodruff School of Nursing, Emory University; Rollins School of Public Health, Emory University; Nell Hodgson Woodruff School of Nursing, Emory University	**DOI:**	10.1097/NMC.0000000000000372
Datum:	2017 Nov-Dec	**Webseite:**	PubMed Central (PMC)
Publisher:	MCN. The American journal of maternal child nursing		

[s82] - https://pmc.ncbi.nlm.nih.gov/articles/PMC7841622/

Autor:	Arpana Gupta, Vadim Osadchiy, Emeran A Mayer	**Titel:**	Brain–gut–microbiome interactions in obesity and food addiction
von:	University of California Los Angeles (UCLA)	**DOI:**	10.1038/s41575-020-0341-5
Datum:	2020 Aug 27	**Webseite:**	PubMed Central (PMC)
Publisher:	Nature reviews. Gastroenterology & hepatology		

[s83] - https://www.ncbi.nlm.nih.gov/pmc/articles/PMC7841622/

Autor:	Arpana Gupta, Vadim Osadchiy, Emeran A Mayer	**Titel:**	Brain–gut–microbiome interactions in obesity and food addiction
von:	University of California Los Angeles (UCLA)	**DOI:**	10.1038/s41575-020-0341-5
Datum:	2020 Aug 27	**Webseite:**	PubMed Central (PMC)
Publisher:	Nature reviews. Gastroenterology & hepatology		

[s84] - https://pmc.ncbi.nlm.nih.gov/articles/PMC6469458/

Autor:	Jeremy Appleton	**Titel:**	The Gut-Brain Axis: Influence of Microbiota on Mood and Mental Health
Datum:	2018 Aug	**Webseite:**	PubMed Central (PMC)
Publisher:	Integrative Medicine: A Clinician's Journal		

[s85] - https://pmc.ncbi.nlm.nih.gov/articles/PMC4566439/

Autor:	Matthew J Bull, Nigel T Plummer	**Titel:**	Part 1: The Human Gut Microbiome in Health and Disease
Datum:	2014 Dec	**Webseite:**	PubMed Central (PMC)
Publisher:	Integrative Medicine: A Clinician's Journal		

[s86] - https://pmc.ncbi.nlm.nih.gov/articles/PMC5433529/

Autor:	Elizabeth Thursby, Nathalie Juge	**Titel:**	Introduction to the human gut microbiota
von:	Institute of Food Research	**DOI:**	10.1042/BCJ20160510
Datum:	2017 May 16	**Webseite:**	PMC
Publisher:	Biochemical Journal		

[s87] - https://pmc.ncbi.nlm.nih.gov/articles/PMC7824117/

Autor:	Amaia Iriondo-DeHond, José Antonio Uranga, Maria Dolores del Castillo, Raquel Abalo	**Titel:**	Effects of Coffee and Its Components on the Gastrointestinal Tract and the Brain–Gut Axis
DOI:	10.3390/nu13010088	**Datum:**	2020 Dec 29
Webseite:	PubMed Central (PMC)	**Publisher:**	Nutrients

[s88] - https://pmc.ncbi.nlm.nih.gov/articles/PMC10740793/

Autor:	Svenja Nolte, Karsten Krüger, Claudia Lenz, Karen Zentgraf	**Titel:**	Optimizing the Gut Microbiota for Individualized Performance Development in Elite Athletes
von:	University of Giessen, Goethe University Frankfurt	**DOI:**	10.3390/biology12121491
Datum:	2023 Dec 5	**Webseite:**	PubMed Central (PMC)
Publisher:	Biology		

[s89] - https://pmc.ncbi.nlm.nih.gov/articles/PMC4056765/

Autor:	Yasmine Belkaid, Timothy Hand	**Titel:**	Role of the Microbiota in Immunity and inflammation
von:	National Institute of Allergy and Infectious Disease, NIH	**DOI:**	10.1016/j.cell.2014.03.011
Datum:	2014 Mar 27	**Webseite:**	PubMed Central (PMC)
Publisher:	Cell		

[s90] - https://pmc.ncbi.nlm.nih.gov/articles/PMC7353203/

Autor:	Jovana Knezevic, Christina Starchl, Adelina Tmava Berisha, Karin Amrein	**Titel:**	Thyroid-Gut-Axis: How Does the Microbiota Influence Thyroid Function?
von:	Medical University of Graz	**DOI:**	10.3390/nu12061769
Datum:	2020 Jun 12	**Webseite:**	PubMed Central (PMC)
Publisher:	Nutrients		

[s91] - https://pmc.ncbi.nlm.nih.gov/articles/PMC7213601/

Autor:	Annelise Madison, Janice K Kiecolt-Glaser	**Titel:**	Stress, depression, diet, and the gut microbiota: human–bacteria interactions at the core of psychoneuroimmunology and nutrition
von:	The Ohio State University College of Medicine	**DOI:**	10.1016/j.cobeha.2019.01.011
Datum:	2019 Mar 25	**Webseite:**	PubMed Central (PMC)

[s92] - https://pmc.ncbi.nlm.nih.gov/articles/PMC3539293/

Autor:	Peera Hemarajata, James Versalovic	**Titel:**	Effects of probiotics on gut microbiota: mechanisms of intestinal immunomodulation and neuromodulation
von:	Baylor College of Medicine and Texas Children's Hospital	**DOI:**	10.1177/1756283X12459294
Datum:	2013 Jan	**Webseite:**	PubMed Central (PMC)
Publisher:	Therapeutic Advances in Gastroenterology		

[s93] - https://pmc.ncbi.nlm.nih.gov/articles/PMC7601389/

Autor:	Katie Louise Tooley	**Titel:**	Effects of the Human Gut Microbiota on Cognitive Performance, Brain Structure and Function: A Narrative Review
von:	Defence Science & Technology, Department of Defence, Edinburgh, SA 5111, Australia	**DOI:**	10.3390/nu12103009
Datum:	2020 Sep 30	**Webseite:**	PubMed Central (PMC)
Publisher:	Nutrients		

[s94] - https://pmc.ncbi.nlm.nih.gov/articles/PMC5372947/

Autor:	Marina Sanchez, Christian Darimont, Shirin Panahi, Vicky Drapeau, André Marette, Valerie H Taylor, Jean Doré, Angelo Tremblay	**Titel:**	Effects of a Diet-Based Weight-Reducing Program with Probiotic Supplementation on Satiety Efficiency, Eating Behaviour Traits, and Psychosocial Behaviours in Obese Individuals
DOI:	10.3390/nu9030284	**Datum:**	2017 Mar 15
Webseite:	PubMed Central (PMC)	**Publisher:**	Nutrients

[s95] - https://pmc.ncbi.nlm.nih.gov/articles/PMC5736941/

Autor:	Jane A Foster, Linda Rinaman, John F Cryan	**Titel:**	Stress & the gut-brain axis: Regulation by the microbiome
DOI:	10.1016/j.ynstr.2017.03.001	**Datum:**	2017 Mar 19
Webseite:	PubMed Central (PMC)	**Publisher:**	Neurobiology of Stress

[s96] - https://pmc.ncbi.nlm.nih.gov/articles/PMC8962300/

Autor:	Sevag Hamamah, Armin Aghazarian, Anthony Nazaryan, Andras Hajnal, Mihai Covasa	**Titel:**	Role of Microbiota-Gut-Brain Axis in Regulating Dopaminergic Signaling
von:	Western University of Health Sciences, The Pennsylvania State University, University of Suceava	**DOI:**	10.3390/biomedicines10020436
Datum:	2022 Feb 13	**Webseite:**	PMC (PubMed Central)
Publisher:	MDPI		

[s97] - https://pmc.ncbi.nlm.nih.gov/articles/PMC6363529/

Autor:	Julio Plaza-Diaz, Francisco Javier Ruiz-Ojeda, Mercedes Gil-Campos, Angel Gil	**Titel:**	Mechanisms of Action of Probiotics
von:	University of Granada; Reina Sofia University Hospital	**DOI:**	10.1093/advances/nmy063
Datum:	2019 Feb 5	**Webseite:**	PubMed Central (PMC)
Publisher:	Advances in Nutrition		

[s98] - https://pmc.ncbi.nlm.nih.gov/articles/PMC3539293/

Autor:	Peera Hemarajata, James Versalovic	**Titel:**	Effects of probiotics on gut microbiota: mechanisms of intestinal immunomodulation and neuromodulation
von:	Baylor College of Medicine, Texas Children's Hospital	**DOI:**	10.1177/1756283X12459294
Datum:	2013 Jan	**Webseite:**	PubMed Central (PMC)
Publisher:	Therapeutic Advances in Gastroenterology		

[s99] - https://pmc.ncbi.nlm.nih.gov/articles/PMC6469458/

Autor:	Jeremy Appleton	**Titel:**	The Gut-Brain Axis: Influence of Microbiota on Mood and Mental Health
Datum:	2018 Aug	**Webseite:**	PubMed Central (PMC)
Publisher:	Integrative Medicine: A Clinician's Journal		

[s100] - https://pmc.ncbi.nlm.nih.gov/articles/PMC5046167/

Autor:	Hans Raskov, Jakob Burcharth, Hans-Christian Pommergaard, Jacob Rosenberg	**Titel:**	Irritable bowel syndrome, the microbiota and the gut-brain axis
von:	National Center for Biotechnology Information (NCBI)	**DOI:**	10.1080/19490976.2016.1218585
Datum:	2016 Jul 29	**Webseite:**	PMC (PubMed Central)
Publisher:	Gut Microbes		

[s101] - https://pmc.ncbi.nlm.nih.gov/articles/PMC4202343/

Autor:	Hong-Yan Qin, Chung-Wah Cheng, Xu-Dong Tang, Zhao-Xiang Bian	**Titel:**	Impact of psychological stress on irritable bowel syndrome
DOI:	10.3748/wjg.v20.i39.14126	**Datum:**	2014 Oct 21
Webseite:	PubMed Central (PMC)	**Publisher:**	World Journal of Gastroenterology : WJG

[s102] - https://pmc.ncbi.nlm.nih.gov/articles/PMC5333596/

Autor:	Bartosz Brzozowski, Agnieszka Mazur-Bialy, Robert Pajdo, Slawomir Kwiecien, Jan Bilski, Malgorzata Zwolinska-Wcislo, Tomasz Mach, Tomasz Brzozowski	**Titel:**	Mechanisms by which Stress Affects the Experimental and Clinical Inflammatory Bowel Disease (IBD): Role of Brain-Gut Axis
DOI:	10.2174/1570159X14666160404124127	**Datum:**	2016 Nov
Webseite:	PubMed Central (PMC)	**Publisher:**	Current Neuropharmacology

[s103] - https://pmc.ncbi.nlm.nih.gov/articles/PMC9796968/

Autor:	Katherine Dinan, Timothy Dinan	**Titel:**	Antibiotics and mental health: The good, the bad and the ugly
DOI:	10.1111/joim.13543	**Datum:**	2022 Jul 12
Webseite:	PubMed Central (PMC)	**Publisher:**	Journal of Internal Medicine

[s104] - https://pmc.ncbi.nlm.nih.gov/articles/PMC5357536/

Autor:	Vincenzo Monda, Ines Villano, Antonietta Messina, Anna Valenzano, Teresa Esposito, Fiorenzo Moscatelli, Andrea Viggiano, Giuseppe Cibelli, Sergio Chieffi, Marcellino Monda, Giovanni Messina	**Titel:**	Exercise Modifies the Gut Microbiota with Positive Health Effects
DOI:	10.1155/2017/3831972	**Datum:**	2017 Mar 5
Webseite:	PubMed Central (PMC)	**Publisher:**	Oxidative Medicine and Cellular Longevity

[s105] - https://pmc.ncbi.nlm.nih.gov/articles/PMC10518744/

Autor:	Mohammed Al-Beltagi, Nermin Kamal Saeed, Adel Salah Bediwy, Reem Elbeltagi, Rawan Alhawamdeh	**Titel:**	Role of gastrointestinal health in managing children with autism spectrum disorder
DOI:	10.5409/wjcp.v12.i4.171	**Datum:**	2023 Sep 9
Webseite:	PubMed Central (PMC)	**Publisher:**	World Journal of Clinical Pediatrics

[s106] - https://pmc.ncbi.nlm.nih.gov/articles/PMC4367209/

Autor:	Marilia Carabotti, Annunziata Scirocco, Maria Antonietta Maselli, Carola Severi	**Titel:**	The gut-brain axis: interactions between enteric microbiota, central and enteric nervous systems
Datum:	2015 Apr-Jun	**Webseite:**	PubMed Central (PMC)
Publisher:	Annals of Gastroenterology : Quarterly Publication of the Hellenic Society of Gastroenterology		

[s107] - https://pmc.ncbi.nlm.nih.gov/articles/PMC9504309/

Autor:	Leon M T Dicks	**Titel:**	Gut Bacteria and Neurotransmitters
von:	Stellenbosch University	**DOI:**	10.3390/microorganisms10091838
Datum:	2022 Sep 14	**Webseite:**	PubMed Central (PMC)
Publisher:	Microorganisms		

[s108] - https://pmc.ncbi.nlm.nih.gov/articles/PMC8634751/

Autor:	Kara G Margolis, John F Cryan, Emeran A Mayer	**Titel:**	The Microbiota-Gut-Brain Axis: From Motility to Mood
von:	Department of Pediatrics, Morgan Stanley Children's Hospital, Columbia University Irving Medical Center, New York, NY; Department of Anatomy & Neuroscience, University College Cork, Ireland, APC Microbiome Ireland, University College Cork, Ireland; G. Oppenheimer Center for Neurobiology of Stress and Resilience, Vachte and Tamar Manoukian Division of Digestive Diseases, David Geffen School of Medicine at UCLA, Los Angeles, California.	**DOI:**	10.1053/j.gastro.2020.10.066
Datum:	2021 Jan 22	**Webseite:**	PubMed Central (PMC)
Publisher:	Gastroenterology		

[s109] - https://pmc.ncbi.nlm.nih.gov/articles/PMC6469458/

Autor:	Jeremy Appleton	**Titel:**	The Gut-Brain Axis: Influence of Microbiota on Mood and Mental Health
von:	National Center for Biotechnology Information (NCBI)	**Datum:**	2018 Aug
Webseite:	PubMed Central (PMC)	**Publisher:**	Integrative Medicine: A Clinician's Journal

[s110] - https://pmc.ncbi.nlm.nih.gov/articles/PMC4728667/

Autor:	Trisha A Jenkins, Jason C D Nguyen, Kate E Polglaze, Paul P Bertrand	**Titel:**	Influence of Tryptophan and Serotonin on Mood and Cognition with a Possible Role of the Gut-Brain Axis
von:	RMIT University; University of New South Wales	**DOI:**	10.3390/nu8010056
Datum:	2016 Jan 20	**Webseite:**	PubMed Central (PMC)
Publisher:	Nutrients		

[s111] - https://pmc.ncbi.nlm.nih.gov/articles/PMC10316519/

Autor:	Jody A Rusch, Brian T Layden, Lara R Dugas	**Titel:**	Signalling cognition: the gut microbiota and hypothalamic-pituitary-adrenal axis
DOI:	10.3389/fendo.2023.1130689	**Datum:**	2023 Jun 19
Webseite:	PubMed Central (PMC)	**Publisher:**	Frontiers in Endocrinology

[s112] - https://pmc.ncbi.nlm.nih.gov/articles/PMC10146621/

Autor:	Akash Kumar, Jhilam Pramanik, Nandani Goyal, Dimple Chauhan, Bhagavathi Sundaram Sivamaruthi, Bhupendra G Prajapati, Chaiyavat Chaiyasut	**Titel:**	Gut Microbiota in Anxiety and Depression: Unveiling the Relationships and Management Options
DOI:	10.3390/ph16040565	**Datum:**	2023 Apr 9
Webseite:	PubMed Central (PMC)	**Publisher:**	Pharmaceuticals

[s113] - https://pmc.ncbi.nlm.nih.gov/articles/PMC7213601/

Autor:	Annelise Madison, Janice K Kiecolt-Glaser	**Titel:**	Stress, depression, diet, and the gut microbiota: human–bacteria interactions at the core of psychoneuroimmunology and nutrition
DOI:	10.1016/j.cobeha.2019.01.011	**Datum:**	2019 Mar 25
Webseite:	PubMed Central (PMC)	**Publisher:**	Current opinion in behavioral sciences

[s114] - https://pmc.ncbi.nlm.nih.gov/articles/PMC9009523/

Autor:	Laura Mitrea, Silvia-Amalia Nemeş, Katalin Szabo, Bernadette-Emőke Teleky, Dan-Cristian Vodnar	**Titel:**	Guts Imbalance Imbalances the Brain: A Review of Gut Microbiota Association With Neurological and Psychiatric Disorders
von:	University of Agricultural Sciences and Veterinary Medicine of Cluj–Napoca, Cluj-Napoca, Romania	**DOI:**	10.3389/fmed.2022.813204
Datum:	2022 Mar 31	**Webseite:**	PMC
Publisher:	Frontiers in Medicine		

[s115] - https://www.mdpi.com/1422-0067/25/6/3340

Autor:	Corneliu Toader, Nicolaie Dobrin, Daniel Costea, Luca-Andrei Glavan, Razvan-Adrian Covache-Busuioc, David-Ioan Dumitrascu, Bogdan-Gabriel Bratu, Horia-Petre Costin, Alexandru Vlad Ciurea	**Titel:**	Mind, Mood and Microbiota—Gut–Brain Axis in Psychiatric Disorders
von:	Multidisciplinary Digital Publishing Institute	**DOI:**	10.3390/ijms25063340
Datum:	2024-03-15	**Webseite:**	MDPI
Publisher:	Multidisciplinary Digital Publishing Institute		

[s116] - https://pmc.ncbi.nlm.nih.gov/articles/PMC8321864/

Autor:	Kirsten Berding, Klara Vlckova, Wolfgang Marx, Harriet Schellekens, Catherine Stanton, Gerard Clarke, Felice Jacka, Timothy G Dinan, John F Cryan	**Titel:**	Diet and the Microbiota–Gut–Brain Axis: Sowing the Seeds of Good Mental Health
DOI:	10.1093/advances/nmaa181	**Datum:**	2021 Mar 9
Webseite:	PubMed Central (PMC)	**Publisher:**	Advances in Nutrition

[s117] - https://pmc.ncbi.nlm.nih.gov/articles/PMC10410452/

Autor:	Fereshteh Ansari, Mehrdad Neshat, Hadi Pourjafar, Seid Mahdi Jafari, Shohreh Alian Samakkhah, Esmaeel Mirzakhani	**Titel:**	The role of probiotics and prebiotics in modulating of the gut-brain axis
DOI:	10.3389/fnut.2023.1173660	**Datum:**	2023 Jul 26
Webseite:	PMC	**Publisher:**	Frontiers in Nutrition

[s118] - https://pmc.ncbi.nlm.nih.gov/articles/PMC5859128/

Autor:	Sigrid Breit, Aleksandra Kupferberg, Gerhard Rogler, Gregor Hasler	**Titel:**	Vagus Nerve as Modulator of the Brain–Gut Axis in Psychiatric and Inflammatory Disorders
von:	University of Bern, University Hospital Zurich	**DOI:**	10.3389/fpsyt.2018.00044
Datum:	2018 Mar 13	**Webseite:**	PMC (PubMed Central)
Publisher:	Frontiers in Psychiatry		

[s119] - https://pmc.ncbi.nlm.nih.gov/articles/PMC7841622/

Autor:	Arpana Gupta, Vadim Osadchiy, Emeran A Mayer	**Titel:**	Brain–gut–microbiome interactions in obesity and food addiction
von:	University of California Los Angeles (UCLA)	**DOI:**	10.1038/s41575-020-0341-5
Datum:	2020 Aug 27	**Webseite:**	PubMed Central (PMC)
Publisher:	Nature reviews. Gastroenterology & hepatology		

[s120] - https://pmc.ncbi.nlm.nih.gov/articles/PMC4303825/

Autor:	Michael A Conlon, Anthony R Bird	**Titel:**	The Impact of Diet and Lifestyle on Gut Microbiota and Human Health
von:	CSIRO Food and Nutrition Flagship	**DOI:**	10.3390/nu7010017
Datum:	2014 Dec 24	**Webseite:**	PubMed Central (PMC)
Publisher:	Nutrients		

[s121] - https://pmc.ncbi.nlm.nih.gov/articles/PMC2805706/

Autor:	Fernando Gómez-Pinilla	**Titel:**	Brain foods: the effects of nutrients on brain function
von:	University of California at Los Angeles School of Medicine	**DOI:**	10.1038/nrn2421
Datum:	2008 Jul	**Webseite:**	PubMed Central (PMC)
Publisher:	Nature reviews. Neuroscience		

[s122] - https://pmc.ncbi.nlm.nih.gov/articles/PMC8166071/

Autor:	Pei-Lin Yang, Margaret M Heitkemper, Kendra J Kamp	**Titel:**	Irritable bowel syndrome in midlife women: a narrative review
von:	National Center for Biotechnology Information (NCBI)	**DOI:**	10.1186/s40695-021-00064-5
Datum:	2021 May 31	**Webseite:**	PubMed Central (PMC)

[s123] - https://pmc.ncbi.nlm.nih.gov/articles/PMC10251360/

Autor:	Souhad Chbeir, Victor Carrión	**Titel:**	Resilience by design: How nature, nurture, environment, and microbiome mitigate stress and allostatic load
von:	Stanford University	**DOI:**	10.5498/wjp.v13.i5.144
Datum:	2023 May 19	**Webseite:**	PubMed Central (PMC)
Publisher:	World Journal of Psychiatry		

[s124] - https://pmc.ncbi.nlm.nih.gov/articles/PMC10643752/

Autor:	Aniket Jagtap, Balasaheb Jagtap, Rajlaxmi Jagtap, Yashwant Lamture, Kavita Gomase	**Titel:**	Effects of Prenatal Stress on Behavior, Cognition, and Psychopathology: A Comprehensive Review
von:	Jawaharlal Nehru Medical College, Datta Meghe Institute of Higher Education and Research; Annasaheb Chaudaman Patil Memorial Medical College; Bharti Vidyapeeth Deemed University; Srimati Radhikabai Meghe Memorial College of Nursing, Datta Meghe Institute of Higher Education and Research	**DOI:**	10.7759/cureus.47044
Datum:	2023 Oct 14	**Webseite:**	PubMed Central (PMC)
Publisher:	Cureus		

[s125] - https://www.mdpi.com/2076-2607/9/9/1938

Autor:	Itzhak Dangoor, Dušanka Stanić, Leah Reshef, Vesna Pešić, Uri Gophna	**Titel:**	Specific Changes in the Mammalian Gut Microbiome as a Biomarker for Oxytocin-Induced Behavioral Changes
von:	Multidisciplinary Digital Publishing Institute	**DOI:**	10.3390/microorganisms9091938
Datum:	2021-09-12	**Webseite:**	MDPI
Publisher:	Multidisciplinary Digital Publishing Institute		

[s126] - https://pmc.ncbi.nlm.nih.gov/articles/PMC10681626/

Autor:	Annaluisa Ranieri, Cristina Mennitti, Noemi Falcone, Ilaria La Monica, Maria Rosaria Di Iorio, Lorella Tripodi, Alessandro Gentile, Maria Vitale, Raffaella Pero, Lucio Pastore, Valeria D'Argenio, Olga Scudiero, Barbara Lombardo	**Titel:**	Positive effects of physical activity in autism spectrum disorder: how influences behavior, metabolic disorder and gut microbiota
DOI:	10.3389/fpsyt.2023.1238797	**Datum:**	2023 Oct 10
Webseite:	PMC (PubMed Central)	**Publisher:**	Frontiers in Psychiatry

[s127] - https://pmc.ncbi.nlm.nih.gov/articles/PMC5449130/

Autor:	Goran Medic, Micheline Wille, Michiel EH Hemels	**Titel:**	Short- and long-term health consequences of sleep disruption
von:	Horizon Pharma B.V., University of Groningen	**DOI:**	10.2147/NSS.S134864
Datum:	2017 May 19	**Webseite:**	PubMed Central (PMC)
Publisher:	Nature and Science of Sleep		

[s128] - https://pmc.ncbi.nlm.nih.gov/articles/PMC4377487/

Autor:	Tae Won Kim, Jong-Hyun Jeong, Seung-Chul Hong	**Titel:**	The Impact of Sleep and Circadian Disturbance on Hormones and Metabolism
von:	Department of Psychiatry, College of Medicine, The Catholic University of Korea, Suwon, Seoul, Republic of Korea	**DOI:**	10.1155/2015/591729
Datum:	2015 Mar 11	**Webseite:**	PubMed Central (PMC)
Publisher:	International Journal of Endocrinology		

[s129] - https://pmc.ncbi.nlm.nih.gov/articles/PMC9103473/

Autor:	Monika Sejbuk, Iwona Mirończuk-Chodakowska, Anna Maria Witkowska	**Titel:**	Sleep Quality: A Narrative Review on Nutrition, Stimulants, and Physical Activity as Important Factors
von:	Medical University of Bialystok	**DOI:**	10.3390/nu14091912
Datum:	2022 May 2	**Webseite:**	PubMed Central (PMC)
Publisher:	Nutrients		

[s130] - https://pmc.ncbi.nlm.nih.gov/articles/PMC7219460/

Autor:	Christine E Cherpak	**Titel:**	Mindful Eating: A Review Of How The Stress-Digestion-Mindfulness Triad May Modulate And Improve Gastrointestinal And Digestive Function
von:	Maryland University of Integrative Health	**Datum:**	2019 Aug
Webseite:	PubMed Central (PMC)	**Publisher:**	Integrative Medicine: A Clinician's Journal

[s131] - https://pmc.ncbi.nlm.nih.gov/articles/PMC9528725/

Autor:	Rachel Selman, Kate Early, Brianna Battles, Misty Seidenburg, Elizabeth Wendel, Susan Westerlund	**Titel:**	Maximizing Recovery in the Postpartum Period: A Timeline for Rehabilitation from Pregnancy through Return to Sport
von:	Physical Therapy, Benchmark Physical Therapy; Department of Kinesiology & Health Sciences, Columbus State University; Pregnancy and Postpartum Athleticism; Clinical Programs, Upstream Rehabilitation Institute; Urology, Piedmont Healthcare; Obstetrics and Gynecology, Piedmont Healthcare	**DOI:**	10.26603/001c.37863
Datum:	2022 Oct 1	**Webseite:**	PMC
Publisher:	International Journal of Sports Physical Therapy		

[s132] - https://pmc.ncbi.nlm.nih.gov/articles/PMC4651462/

Autor:	Andy R Eugene, Jolanta Masiak	**Titel:**	The Neuroprotective Aspects of Sleep
von:	National Center for Biotechnology Information (NCBI)	**Datum:**	2015 Mar
Webseite:	PubMed Central (PMC)	**Publisher:**	MEDtube science

[s133] - https://pmc.ncbi.nlm.nih.gov/articles/PMC9474385/

Autor:	Angelika Elzbieta Wegierska, Ioannis Alexandros Charitos, Skender Topi, Maria Assunta Potenza, Monica Montagnani, Luigi Santacroce	**Titel:**	The Connection Between Physical Exercise and Gut Microbiota: Implications for Competitive Sports Athletes
DOI:	10.1007/s40279-022-01696-x	**Datum:**	2022 May 21
Webseite:	PubMed Central (PMC)	**Publisher:**	SpringerOpen

[s134] - https://pmc.ncbi.nlm.nih.gov/articles/PMC6748614/

Autor:	Alyssa Dalton, Christine Mermier, Micah Zuhl	**Titel:**	Exercise influence on the microbiome–gut–brain axis
von:	University of New Mexico	**DOI:**	10.1080/19490976.2018.1562268
Datum:	2019 Jan 31	**Webseite:**	PMC (PubMed Central)

[s135] - https://pmc.ncbi.nlm.nih.gov/articles/PMC7832346/

Autor:	Julia C Basso, Medha K Satyal, Rachel Rugh	**Titel:**	Dance on the Brain: Enhancing Intra- and Inter-Brain Synchrony
DOI:	10.3389/fnhum.2020.584312	**Datum:**	2021 Jan 7
Webseite:	PubMed Central (PMC)	**Publisher:**	Frontiers in Human Neuroscience

[s136] - https://pmc.ncbi.nlm.nih.gov/articles/PMC10488280/

Autor:	Svetlana Kononova, Mikhail Kashparov, Wenyu Xue, Natalia Bobkova, Sergey Leonov, Nikolaj Zagorodny	**Titel:**	Gut Microbiome Dysbiosis as a Potential Risk Factor for Idiopathic Toe-Walking in Children: A Review
DOI:	10.3390/ijms241713204	**Datum:**	2023 Aug 25
Webseite:	PubMed Central (PMC)	**Publisher:**	International Journal of Molecular Sciences

[s137] - https://pmc.ncbi.nlm.nih.gov/articles/PMC5847071/

Autor:	Ian Rowland, Glenn Gibson, Almut Heinken, Karen Scott, Jonathan Swann, Ines Thiele, Kieran Tuohy	**Titel:**	Gut microbiota functions: metabolism of nutrients and other food components
DOI:	10.1007/s00394-017-1445-8	**Datum:**	2017 Apr 9
Webseite:	PubMed Central (PMC)	**Publisher:**	European Journal of Nutrition

[s138] - https://pmc.ncbi.nlm.nih.gov/articles/PMC10773664/

Autor:	Tariq Aziz, Nageen Hussain, Zunaira Hameed, Lin Lin	**Titel:**	Elucidating the role of diet in maintaining gut health to reduce the risk of obesity, cardiovascular and other age-related inflammatory diseases: recent challenges and future recommendations
DOI:	10.1080/19490976.2023.2297864	**Datum:**	2024 Jan 4
Webseite:	PMC	**Publisher:**	Gut Microbes

[s139] - https://pmc.ncbi.nlm.nih.gov/articles/PMC9268622/

Autor:	Corina-Bianca Ioniță-Mîndrican, Khaled Ziani, Magdalena Mititelu, Eliza Oprea, Sorinel Marius Neacşu, Elena Moroşan, Denisa-Elena Dumitrescu, Adrian Cosmin Roşca, Doina Drăgănescu, Carolina Negrei	**Titel:**	Therapeutic Benefits and Dietary Restrictions of Fiber Intake: A State of the Art Review
von:	Carol Davila University of Medicine and Pharmacy, University of Bucharest, Professional Farma Line, Ovidius University of Constanta	**DOI:**	10.3390/nu14132641
Datum:	2022 Jun 26	**Webseite:**	PubMed Central (PMC)
Publisher:	Nutrients		

[s140] - https://pmc.ncbi.nlm.nih.gov/articles/PMC10097968/

Autor:	Timothy S Harlan, Rachel V Gow, Andreas Kornstädt, P Wolfram Alderson, Robert H Lustig	**Titel:**	The Metabolic Matrix: Re-engineering ultraprocessed foods to feed the gut, protect the liver, and support the brain
von:	Division of General Internal Medicine, George Washington University School of Medicine and Health Sciences; Institute of Psychiatry, Psychology and Neuroscience (IoPPN), King's College London; Perfact; Human & Environmental Health Department, Kuwaiti Danish Dairy Company; Department of Pediatrics and Institute for Health Policy Studies, University of California, San Francisco	**DOI:**	10.3389/fnut.2023.1098453
Datum:	2023 Mar 30	**Webseite:**	PubMed Central (PMC)
Publisher:	Frontiers in Nutrition		

[s141] - https://pmc.ncbi.nlm.nih.gov/articles/PMC5622781/

Autor:	Paulina Markowiak, Katarzyna Śliż ewska	**Titel:**	Effects of Probiotics, Prebiotics, and Synbiotics on Human Health
von:	Lodz University of Technology	**DOI:**	10.3390/nu9091021
Datum:	2017 Sep 15	**Webseite:**	PubMed Central (PMC)
Publisher:	Nutrients		

[s142] - https://pmc.ncbi.nlm.nih.gov/articles/PMC10455396/

Autor:	Tuba Shahid Chaudhry, Sidhartha Gautam Senapati, Srikanth Gadam, Hari Priya Sri Sai Mannam, Hima Varsha Voruganti, Zainab Abbasi, Tushar Abhinav, Apurva Bhavana Challa, Namratha Pallipamu, Niharika Bheemisetty, Shivaram P Arunachalam	**Titel:**	The Impact of Microbiota on the Gut–Brain Axis: Examining the Complex Interplay and Implications
von:	Mayo Clinic	**DOI:**	10.3390/jcm12165231
Datum:	2023 Aug 11	**Webseite:**	PubMed Central (PMC)
Publisher:	MDPI		

[s143] - https://www.ncbi.nlm.nih.gov/pmc/articles/PMC10048542/
Autor: Siyu Liu, Lu Cheng, Yanan Liu, Shengnan Zhan, Zufang Wu, Xin Zhang
Titel: Relationship between Dietary Polyphenols and Gut Microbiota: New Clues to Improve Cognitive Disorders, Mood Disorders and Circadian Rhythms
DOI: 10.3390/foods12061309
Datum: 2023 Mar 19
Webseite: PubMed Central (PMC)
Publisher: Foods

[s144] - https://pmc.ncbi.nlm.nih.gov/articles/PMC7824117/
Autor: Amaia Iriondo-DeHond, José Antonio Uranga, Maria Dolores del Castillo, Raquel Abalo
Titel: Effects of Coffee and Its Components on the Gastrointestinal Tract and the Brain–Gut Axis
DOI: 10.3390/nu13010088
Datum: 2020 Dec 29
Webseite: PubMed Central (PMC)
Publisher: Nutrients

[s145] - https://pmc.ncbi.nlm.nih.gov/articles/PMC5859128/
Autor: Sigrid Breit, Aleksandra Kupferberg, Gerhard Rogler, Gregor Hasler
Titel: Vagus Nerve as Modulator of the Brain–Gut Axis in Psychiatric and Inflammatory Disorders
von: University Hospital of Psychiatry, University of Bern; University Hospital Zurich
DOI: 10.3389/fpsyt.2018.00044
Datum: 2018 Mar 13
Webseite: PubMed Central (PMC)
Publisher: Frontiers in Psychiatry

[s146] - https://pmc.ncbi.nlm.nih.gov/articles/PMC8198395/
Autor: Marina Romaní-Pérez, Clara Bullich-Vilarrubias, Inmaculada López-Almela, Rebeca Liébana-García, Marta Olivares, Yolanda Sanz
Titel: The Microbiota and the Gut–Brain Axis in Controlling Food Intake and Energy Homeostasis
von: Institute of Agrochemistry and Food Technology, National Research Council (IATA-CSIC)
DOI: 10.3390/ijms22115830
Datum: 2021 May 29
Webseite: PubMed Central (PMC)
Publisher: International Journal of Molecular Sciences

[s147] - https://pmc.ncbi.nlm.nih.gov/articles/PMC6469458/
Autor: Jeremy Appleton
Titel: The Gut-Brain Axis: Influence of Microbiota on Mood and Mental Health
Datum: 2018 Aug
Webseite: PubMed Central (PMC)
Publisher: Integrative Medicine: A Clinician's Journal

[s148] - https://pmc.ncbi.nlm.nih.gov/articles/PMC8007165/
Autor: Ana Nogal, Ana M Valdes, Cristina Menni
Titel: The role of short-chain fatty acids in the interplay between gut microbiota and diet in cardio-metabolic health
von: Department of Twin Research, King's College London, St Thomas' Hospital Campus, London, UK; School of Medicine, Nottingham City Hospital, Nottingham, UK; NIHR Nottingham Biomedical Research Centre, Nottingham, UK
DOI: 10.1080/19490976.2021.1897212
Datum: 2021 Mar 25
Webseite: PubMed Central (PMC)
Publisher: Gut Microbes

[s149] - https://pmc.ncbi.nlm.nih.gov/articles/PMC8321864/
Autor: Kirsten Berding, Klara Vlckova, Wolfgang Marx, Harriet Schellekens, Catherine Stanton, Gerard Clarke, Felice Jacka, Timothy G Dinan, John F Cryan
Titel: Diet and the Microbiota–Gut–Brain Axis: Sowing the Seeds of Good Mental Health
DOI: 10.1093/advances/nmaa181
Datum: 2021 Mar 9
Webseite: PubMed Central (PMC)
Publisher: Advances in Nutrition

[s150] - https://www.nia.nih.gov/health/brain-health/cognitive-health-and-older-adults
Titel: Cognitive Health and Older Adults
von: National Institute on Aging (NIA)
Webseite: National Institute on Aging
Publisher: National Institutes of Health (NIH)

[s151] - https://www.nia.nih.gov/health/heart-health/heart-health-and-aging
Titel: Heart Health and Aging
von: National Institute on Aging (NIA)
Webseite: National Institute on Aging

[s152] - https://www.niddk.nih.gov/health-information/diabetes/overview/preventing-problems/heart-disease-stroke
Titel: Diabetes, Heart Disease, & Stroke - NIDDK
von: National Institute of Diabetes and Digestive and Kidney Diseases (NIDDK)
Datum: 2024-04-16
Webseite: NIDDK
Publisher: NIDDK - National Institute of Diabetes and Digestive and Kidney Diseases

[s153] - https://pmc.ncbi.nlm.nih.gov/articles/PMC10146621/
Autor: Akash Kumar, Jhilam Pramanik, Nandani Goyal, Dimple Chauhan, Bhagavathi Sundaram Sivamaruthi, Bhupendra G Prajapati, Chaiyavat Chaiyasut
Titel: Gut Microbiota in Anxiety and Depression: Unveiling the Relationships and Management Options
DOI: 10.3390/ph16040565
Datum: 2023 Apr 9
Webseite: PubMed Central (PMC)
Publisher: Pharmaceuticals

[s154] - https://pubmed.ncbi.nlm.nih.gov/35052575/
Autor: Forero-Rodríguez LJ, Josephs-Spaulding J, Flor S, Pinzón A, Kaleta C
Titel: Parkinson's Disease and the Metal-Microbiome-Gut-Brain Axis: A Systems Toxicology Approach
DOI: 10.3390/antiox11010071
Datum: 12/28/2021
Webseite: PubMed
Publisher: Antioxidants (Basel)

[s155] - https://www.nia.nih.gov/news/beyond-brain-gut-microbiome-and-alzheimers-disease

Titel:	Beyond the brain: The gut microbiome and Alzheimer’s disease	**von:**	National Institute on Aging (NIA)
Webseite:	National Institute on Aging		

[s156] - https://hivinfo.nih.gov/understanding-hiv/fact-sheets/preventing-perinatal-transmission-hiv

Titel:	Preventing Perinatal Transmission of HIV I NIH	**von:**	NIH (National Institutes of Health)
Webseite:	hivinfo.nih.gov	**Publisher:**	NIH

Bild-Quellen

Die nicht aufgelisteten Bilder stammen entweder aus eigener Erstellung oder wurden mit entsprechender Lizenz erworben. Für diese Bilder sind alle Rechte vorbehalten.

Für alle anderen, hier aufgelisteten Bilder gilt:
Keines der Bilder wurde verändert, lediglich die Auflösung wurde angepasst. In der eBook-Version wurden die Bilder zu nummerierten Collagen zusammengestellt. Alle Bilder unterliegen weiterhin ihrer ursprünglichen Lizenz und werden gemäß ihrer jeweiligen Lizenzbestimmungen verwendet. Sollten Sie Fehler bei der Zuordnung oder andere Unstimmigkeiten entdecken, kontaktieren Sie uns bitte.

Datum der finalen Bildprüfung: 2025-02-08.

Verwendete Lizenz

CC0 http://creativecommons.org/publicdomain/zero/1.0/deed.en

Bildnachweise

[i1] - 001_001_001_image_serotonin.jpeg
https://upload.wikimedia.org/wikipedia/commons/f/fa/Serotonin-3D-vdW.png
Date: 2010-01-02 **von:** Esquilo
License: Public domain

[i2] - 001_002_001_image_kurzkettige_fettsaeuren.jpeg
https://upload.wikimedia.org/wikipedia/commons/2/2a/Acido_formico_struttura_modello.png
Date: 2006-03-30 **von:** Javier martin
License: Public domain

[i3] - 001_002_002_image_butyrat.jpeg
https://upload.wikimedia.org/wikipedia/commons/2/25/Ethyl_butyrate-3D.png
Date: 2008-08-30 **von:** Xxxx00
License: Public domain

[i4] - 001_002_002_image_dopamin.jpeg
https://upload.wikimedia.org/wikipedia/commons/d/d1/Dopamine-3D-struct.png
Date: 22 September 2009 **von:** File Upload Bot (Magnus Manske)
Künstler: Chemgirl131 **License:** Public domain

[i5] - 001_002_002_image_gaba.jpeg
https://upload.wikimedia.org/wikipedia/commons/5/55/GABA_3D_ball.png

Date:	2011-07-24	**von:**	Jynto
License:	CC0		

[i6] - 001_002_003_image_epithelzellen.jpeg
https://upload.wikimedia.org/wikipedia/commons/a/aa/Microvilli.jpg

Date:	2015-11-17	**von:**	SteinsplitterBot
Künstler:	Louisa Howard, Katherine Connollly - Dartmouth Electron Microscope Facility	**License:**	Public domain

[i7] - 001_003_001_image_cholecystokinin.jpeg
https://upload.wikimedia.org/wikipedia/commons/b/b7/Cholecystokinin_B_receptor_structure_from_the_AlphaFold_database_with_truncated_terminal_domains_and_ICL3.png

Date:	2024-06-30	**von:**	U758803
License:	CC0		

[i8] - 001_003_001_image_insulin.jpeg
https://upload.wikimedia.org/wikipedia/commons/8/8c/Insulincrystals.jpg

Date:	2018-12-14	**von:**	Animalparty
Künstler:	NASA/Marshall	**License:**	Public domain

[i9] - 001_003_002_image_fettzelle.jpeg
https://upload.wikimedia.org/wikipedia/commons/2/29/Adipocyte_Proliferation_in_Adult_Parathyroid_Gland_%2832580624797%29.jpg

Date:	2019-04-01	**von:**	Meisam
Künstler:	Berkshire Community College Bioscience Image Library	**License:**	CC0

[i10] - 001_003_002_image_hypothalamus.jpeg
https://upload.wikimedia.org/wikipedia/commons/b/b6/Hypothalamus.jpg

Date:	2005-07-06	**von:**	Methoxyroxy~commonswiki
License:	Public domain		

[i11] - 001_003_002_image_magen.jpeg
https://upload.wikimedia.org/wikipedia/commons/b/b6/Stomach_pain.jpg

Date:	2010-12-07	**von:**	Robystarm07
License:	CC0		

[i12] - 001_003_003_image_caudatus.jpeg
https://upload.wikimedia.org/wikipedia/commons/f/fe/Caudate_Nucleus_Structural_MRI.png

Date:	2011-09-08	**von:**	Geoff B Hall
License:	CC0		

[i13] - 001_003_003_image_hirnstamm.jpeg
https://upload.wikimedia.org/wikipedia/commons/1/16/External_face_of_brainstem.jpg

Date:	04 09 2009	**von:**	Paul Verheggen
License:	Public domain		

[i14] - 001_003_003_image_orbitofrontaler_kortex.jpeg
https://upload.wikimedia.org/wikipedia/commons/f/f6/MRI_of_orbitofrontal_cortex.jpg

Date:	2006-03-08	**von:**	Choms
Künstler:	talk	**License:**	Public domain

[i15] - 002_001_002_image_docosahexaensaeure.jpeg
https://upload.wikimedia.org/wikipedia/commons/7/73/Docosahexaenoic-acid-3D-balls.png

Date:	2014-08-05	**von:**	Benjah-bmm27
Künstler:	Ben Mills	**License:**	Public domain

[i16] - 002_001_002_image_alphalinolensaeure.jpeg
https://upload.wikimedia.org/wikipedia/commons/c/c5/Linolenic-acid-3D-vdW.png

Date:	2017-10-10	**von:**	Mykhal
License:	Public domain		

[i17] - 002_001_002_image_mediterrane_ernaehrung.jpeg
https://upload.wikimedia.org/wikipedia/commons/8/8b/Michael_Taylor_and_colleagues_visit_the_farm_stand_owned_by_the_Spear_family_in_Waldoboro.jpg

Date:	2013-08-18	**von:**	Darlenefrivera
Künstler:	The U.S. Food and Drug Administration	**License:**	Public domain

[i18] - 002_001_003_image_chlorogensaeure.jpeg
https://upload.wikimedia.org/wikipedia/commons/d/d7/Chlorogenic-acid-3D-balls.png

Date:	2007-12-08	**von:**	Benjah-bmm27
Künstler:	Ben Mills	**License:**	Public domain

[i19] - 002_001_003_image_ingwer.jpeg
https://upload.wikimedia.org/wikipedia/commons/a/a2/Ginger-cross-section.jpg

Date:	31 March 2007	**von:**	Snarkmaster
License:	Public domain		

[i20] - 002_001_003_image_kurkuma.jpeg
https://upload.wikimedia.org/wikipedia/commons/7/7b/Turmeric_Flower_Curcuma_Longa_%28243825849%29.jpeg

Date:	25 January 2018, 18:46:15	**von:**	Rodrigo.Argenton
Künstler:	Jonas Kakaroto Honorato	**License:**	CC0

[i21] - 002_002_001_image_omega3fettsaeuren.jpeg
https://upload.wikimedia.org/wikipedia/commons/f/fb/Sunsplash_omega3_leinsameno.jpg

Date:	2005-08-07	**von:**	VisualBeo
Künstler:	Christian H.	**License:**	Public domain

[i22] - 002_002_002_image_acetylcholin.jpeg
https://upload.wikimedia.org/wikipedia/commons/9/91/ACh-stick.png

Date:	2007-08-28	**von:**	Edgar181
License:	Public domain		

[i23] - 002_003_001_image_acetat.jpeg
https://upload.wikimedia.org/wikipedia/commons/6/63/Cyproterone_acetate_and_estrogel.jpg

Date:	2024-10-20	**von:**	Skyshifter
License:	CC0		

[i24] - 002_003_001_image_propionat.jpeg
https://upload.wikimedia.org/wikipedia/commons/f/f8/Propionic_acid_spheres.png

Date:	2009-10-29	**von:**	Edgar181
License:	Public domain		

[i25] - 002_003_002_image_kefir.jpeg
https://upload.wikimedia.org/wikipedia/commons/2/25/Kefir-insieme.jpg

Date:	2007-09-09	**von:**	Bermas66~commonswiki
Künstler:	Bermas66	**License:**	Public domain

[i26] - 002_003_002_image_kimchi.jpeg
https://upload.wikimedia.org/wikipedia/commons/b/b2/Kimchi_pancake_-_Korpan_2023-07-03.jpg

Date:	2023-07-03	**von:**	Onthewings
Künstler:	Andy Li	**License:**	CC0

[i27] - 002_003_002_image_sauerkraut.jpeg
https://upload.wikimedia.org/wikipedia/commons/6/61/German_sausages_in_Tokyo%2C_plus_sauerkraut_and_mustard.jpg

Date:	3 October 2020	**von:**	Syced
License:	CC0		

[i28] - 002_003_003_image_fermentation.jpeg
https://upload.wikimedia.org/wikipedia/commons/0/06/Coffee_Fermentation_Bins.jpg

Date:	30 September 2005	**von:**	Ronchy~commonswiki
License:	Public domain		

[i29] - 002_003_003_image_laktobazillen.jpeg
https://upload.wikimedia.org/wikipedia/commons/7/7d/Lactobacillus_sp_01.png

Date:	1982	**von:**	Rasbak
Künstler:	Photo Credit: Janice Carr Content Providers(s): CDC/Dr. Mike Miller	**License:**	Public domain

[i30] - 003_001_001_image_gallensaeure.jpeg
https://upload.wikimedia.org/wikipedia/commons/9/97/Glycocholic_acid_molecule_spacefill.png

Date:	2015-02-05	**von:**	Jynto
License:	CC0		

[i31] - 003_001_002_image_darmschleimhaut.jpeg
https://upload.wikimedia.org/wikipedia/commons/f/fe/Histopathology_of_intestinal_spirochetosis.jpg

Date:	2022-09-01	**von:**	Mikael Häggström
License:	CC0		

[i32] - 003_001_003_image_mikroorganismen.jpeg
https://upload.wikimedia.org/wikipedia/commons/b/bc/E_coli_at_10000x%2C_original.jpg

Date:	2005-03	**von:**	Brian0918
Künstler:	Photo byfkfkrErbe, digital colorization by Christopher Pooley, both of USDA, ARS, EMU.	**License:**	Public domain

[i33] - 003_002_001_image_bakterienkultur.jpeg
https://upload.wikimedia.org/wikipedia/commons/7/79/Enterobacter_cloacae_01.png

Date:	2007-03-28	**von:**	Angusmclellan
License:	Public domain		

[i34] - 003_002_001_image_nahrungsergaenzungsmittel.jpeg
https://upload.wikimedia.org/wikipedia/commons/f/f1/Iodine_pills.jpg

Date:	2014-12-02	**von:**	Mx. Granger
License:	CC0		

[i35] - 003_003_002_image_biolebensmittel.jpeg
https://upload.wikimedia.org/wikipedia/commons/7/76/Community_and_organic_food.jpg

Date:	2013-03-14	**von:**	Shawn.caza
Künstler:	Karma co-op	**License:**	CC0

[i36] - 003_003_002_image_pestizide.jpeg
https://upload.wikimedia.org/wikipedia/commons/5/5e/Cropduster_spraying_pesticides.jpg

Date:	2008-04-10	**von:**	Svens Welt
Künstler:	USDA Photo by: Charles O'Rear	**License:**	Public domain

[i37] - 004_002_003_image_autismusspektrumstoerungen.jpeg
https://upload.wikimedia.org/wikipedia/commons/0/09/Mutation_in_autism-related_gene_%2849732044026%29.jpg

Date:	2020-03-26	**von:**	Eyes Roger
Künstler:	NIH Image Gallery	**License:**	Public domain

[i38] - 004_002_003_image_brainderived_neurotrophic_factor.jpeg
https://upload.wikimedia.org/wikipedia/commons/a/aa/BDNF_NT4.png

Date:	2023-12-20	**von:**	·Solembum·
License:	CC0		

[i39] - 004_002_003_image_cortisol.jpeg
https://upload.wikimedia.org/wikipedia/commons/c/c0/Cortisol-3D-balls.png

Date:	2008-05-26	**von:**	Benjah-bmm27
Künstler:	Ben Mills	**License:**	Public domain

[i40] - 004_003_001_image_nremschlaf.jpeg
https://upload.wikimedia.org/wikipedia/commons/3/3a/A_child_sleeping.jpg

Date:	2007-04-23	**von:**	Alessandro Zangrilli
License:	Public domain		

[i41] - 004_003_001_image_zirkadianer_rhythmus.jpeg
https://upload.wikimedia.org/wikipedia/commons/5/55/Circadian_rhythm_labeled.jpg

Date:	Content	**von:**	Stevenfruitsmaak
Künstler:	National Institute of General Medical Sciences	**License:**	Public domain

[i42] - 004_003_002_image_meditation.jpeg
https://upload.wikimedia.org/wikipedia/commons/0/00/Meditation_Focus_Point.jpg

Date:	2024-12-12	**von:**	Bondigoldwiki
License:	CC0		

[i43] - 004_003_002_image_yoga.jpeg
https://upload.wikimedia.org/wikipedia/commons/f/fc/Yoga_Room_-_23_RAW-Export_%28Sergej_Majboroda_via_Poly_Haven%29.png

Date:	08.3.2023	**von:**	PantheraLeo1359531
Künstler:	https://polyhaven.com/all?a=Sergej%20Majboroda	**License:**	CC0

[i44] - 005_001_002_image_bluthirnschranke.jpeg
https://upload.wikimedia.org/wikipedia/commons/3/39/Unctional_complex_and_pinocytotic_vesicles_-_embryonic_brain_-_TEM.jpg

Date:	2006-11-02	**von:**	Patho
Künstler:	Louisa Howard, Miguel Marin-Padilla	**License:**	Public domain

[i45] - 005_001_002_image_darmmikrobiom.jpeg
https://upload.wikimedia.org/wikipedia/commons/1/1a/Rhodium_Microbiome_Isolates_SABL_Insert_%28iss068e012558%29.jpeg

Date:	Taken	**von:**	OptimusPrimeBot
Künstler:	NASA Johnson Space Center / Bob Hines	**License:**	Public domain

[i46] - 005_002_003_image_darmzotten.jpeg
https://upload.wikimedia.org/wikipedia/commons/4/4c/Cross-section_histology_of_small_intestinal_villi_of_the_terminal_ileum.jpg

Date:	2021-08-16	**von:**	Mikael Häggström
License:	CC0		

[i47] - 005_003_002_image_antioxidantien.jpeg
https://upload.wikimedia.org/wikipedia/commons/3/3c/Glutathione-3D-vdW.png

Date:	2007-06-24	**von:**	ドデカイラーメン
Künstler:	Ben Mills	**License:**	Public domain

FSC
www.fsc.org
MIX
Papier | Fördert
gute Waldnutzung
FSC® C083411

Kolibri 360 GmbH
Ferdinand-Jühlke-Straße 7
99095 Erfurt, Deutschland
produktsicherheit@kolibri360.de